北欧流「ふつう」暮らし
から
よみとく環境デザイン

北欧環境デザイン研究会編

彰国社

装幀・本文デザイン　髙橋克治（eats & crafts）

目次

はじめに ／ 環境行動的視座で北欧諸国を見ることの意味　006

スウェーデン王国　017

フィンランド共和国　019

デンマーク王国　021

第1章　住まいのしくみと環境デザイン

1-1	自立した暮らしを支える高齢者の住宅 (Fin)	024
1-2	地域居住を支えるサービスハウスとサービスセンター (Fin)	028
1-3	安心感と生き甲斐を得ることのできるエルダーボーリ (Den)	032
1-4	居住者同士の助け合いが生まれるコレクティブハウス (Den)	036
1-5	課題の多いひとり親や ドメスティックバイオレンス被害者のための居住支援 (Den)	040
1-6	コミュニティの絆を築くコモンスペース コレクティブハウスという住まい (Swe)	044
1-7	病棟と在宅で展開される緩和ケア 安心して最期を迎える看取りのしくみ (Swe)	048
1-8	使いやすさが環境配慮につながる 自転車のためのまちづくり (Swe,Den)	052
1-9	エコビレッジ―環境負荷軽減の ライフスタイルを目指すコミュニティ (Den)	056
1-10	ストックホルムにおける 住宅地格差の出現と再生に向けた試み (Swe)	060
1-11	ミリオンプログラム時代の団地再生 量産への模索と現在の生活への適応 (Swe)	064
1-12	安全をまもるバリアフリー　歩行者信号機 (Swe)	068

第2章　学びや仕事のしくみと環境デザイン

2-1	子どもの「日々の家」として計画された保育環境 (Fin)	072
2-2	園児の躍動を生み出す自然と一体の保育環境 (Fin)	076
2-3	子どもの好奇心と創造性を育むデザイン保育園 (Den)	080
2-4	都市で暮らす親と子を支える居場所づくり (Fin)	084
2-5	ワークユニット型学校建築は自然環境と一体に建つ (Swe)	088
2-6	多様な学習を受けとめる6種類の部屋 (Swe)	092
2-7	日本の20年先を行く教育コンセプト「動く学校」(Fin)	096
2-8	障害の有無によらず子どもたちが共に学ぶ インクルーシブ教育環境 (Swe)	100
2-9	想像できないコンバージョン。 食肉解体場をテレビスタジオに (Den)	104
2-10	ナッカにおける障害者の就労の場の整備 (Swe)	106
2-11	工場を美術大学にコンバージョン (Swe)	108

第3章　自分を取り戻すための環境デザイン

3-1　「自立」して生きるために (Fin)　112

3-2　ミュージアムの中に住む。ふつうの暮らしと住宅を保全し、
気づきと学びから自らまちづくりをするためのエコミュージアム (Swe)　116

3-3　静謐の読書空間から「街のリビング」へ変革する図書館 (Fin)　120

3-4　コペンハーゲン近郊の珠玉の美術館
オードロップゴー美術館とルイジアナ美術館 (Den)　124

3-5　サウナ建築が都市の公園になる (Fin)　126

3-6　エーレスンド海峡を挟む二つの図書館
マルメ市立図書館とデンマーク王立図書館 (Swe,Den)　128

3-7　子ども病院のアート　アストリッド・リンドグレン・子ども病院 (Swe)　130

3-8　社会との接点を断ち切らない医療環境 (Fin)　132

3-9　生活弱者の自立を包摂的に支えるしくみ (Fin)　136

3-10　シンプルなデザインに宿る美と精神性—教会建築 (Fin)　140

3-11　癒やしのコミュニティ　ヤーナのシュタイナー・コミュニティ (Swe)　142

おわりに　/　北欧の暮らしと環境を概観して　144

はじめに ／ 環境行動的視座で北欧諸国を見ることの意味

橘　弘志

1. 北欧の環境デザイン

　本書は、北欧3か国（スウェーデン、フィンランド、デンマーク）のさまざまな環境デザインや社会システムに焦点をあて、そうした環境やシステムによって支えられている、「ふつう」に生活している人々の「生活の質」を描き出そうとする試みである。「北欧」と言っても、それぞれの国によって国情が異なり、歴史が異なり、人々の考え方も異なっている。そしてもちろん、それぞれの国一つとってもさまざまな側面があり、決してひとまとめにして語れるものではないだろう。しかし、そうした北欧のさまざまな環境デザインをあえて一括りにして一覧してみると、それぞれの国ごとの個性を認めつつも、それらのデザインに通底する価値観のようなものに触れることができるように思う。

　近年、北欧に対する関心はかなり高まっている。例えば、フィンランドのこどもの学力は世界トップクラスで、短い授業時間にもかかわらず、革新的な教育方法が高い効果を挙げていることが話題になる。また、家具や照明、雑貨などの北欧デザインも人気である。伝統を大事にしつつもそこに縛られることなく、シンプルで合理的、飽きのこない洗練されたデザインが特徴と言われる。また、さまざまな施設、交通、住宅など、かなり斬新なデザインが採り入れられた事例も目につく。本書ではこうしたさまざまな環境デザインに着目するが、ただし決して見た目の新しさを紹介するものではない。環境のデザインととも

に教育や保育のシステム、交通のシステム、居住のシステムなど、運用のための社会システムも同時にデザインされており、合理的な生活の実現を目指して採り入れられたものであることに重きを置いている。

　ところで、北欧といえば福祉先進国というイメージが強い。税金は高いが、そのぶん福祉の制度が充実しており、老後は安心して暮らせる国、と言われてきた。実際に訪れる機会があったが、福祉施設の建物の質はいまや日本の新しい施設のほうが高いかもしれないと感じた。その一方でやはり、そこで暮らしている人の生活は、その人に合わせてカスタマイズされた環境の中、穏やかで落ち着いた様子で過ごしており、その人らしさが感じられるものに思われた。そこで、こうした生活はどれだけきめ細かい制度によって支えられているのか、その制度や基準について現場の人に尋ねてみたが、どうも明確な回答が得られない。どうやら、従うべき基準や制度が細かく定められているわけではなく、当事者間や関係部署で話し合いを行い、その人に合ったプログラムを設定したり、そのための人員を配置したりするなど、その都度必要な措置を講じているという。

　北欧の、画期的な社会システムや合理的で洗練されたデザインを大胆に採り入れている革新的な側面と、現場でその都度それぞれの状況に対応するようなある意味泥臭い側面とには、当初なんとなくギャップを感じたものである。しかしどうやら、一人ひとりの生活の質を重視している、という点では、両者に共通の思想があるようだ。

2. 「生活の質」に対するイメージ

　北欧の人の考える「生活」とは「居住」「労働」「余暇」の総体であり、どれも欠かせない要素である —— これは、スウェーデンから帰

国後、多くの福祉施設の設計に携わり、日本の福祉施設の環境を大きく変革させた故・外山義先生から伺った話である。「居住」は生活の最も重要な基盤であり、そのための住宅およびコミュニティによって支えられる。「労働」とは、働いて賃金を得る機会というだけの意味でなく、社会に参加する機会であり、社会の一員として活動するための機会である。「余暇」は、それらの場からいったん離れて自分を見つめ直し、自分を解放したり、自分を取り戻すための機会である。それぞれの人はこれら三つの要素がバランス良く整っている生活を追求しているし、また社会としても、個人の生活の中にこれらの要素が揃っている状態を保障することを目指している。

　北欧において「生活」の質を向上させることは、決して抽象的・観念的な目的なのではない。何か制度や基準をつくって「これは良いことだからこうするべきだ」というように教条主義的に押し付けようとすることでもない。それよりも極力具体的な方法を用いて、なるべく効率的・効果的に達成しようとする、きわめて合理的な考え方に裏打ちされたプロセスが必要であると考えられているように思う。

　例えば、多くの人が自然とそうしたくなるようなしくみを採り入れていくことで、合理的な解決を目指す。良さそうなアイデアがあれば、前例や制度の枠組みにもとらわれずに新しいものにチャレンジし、上手くいけばさらに改良し、上手くいかなければ方針転換する。北欧の画期的なデザインやシステムは、そうした積み重ねから、結果的に結実されてきたものだろう。また、個人に対するケアやサポートは、一律の制度に載せるよりも、その人に合ったプログラムをその都度検討したほうが、目的を達成するのに効果的だと考えられるようだ。それが結果として、状況に合わせた柔軟で個別な対応を可能にするしくみとなっている。

これらの取組みにおいては、日本で重視されるような制度的な整合性や全体の公平性には、さほど重きが置かれていないように見える。おそらく実際に、現場ごとに対応の違いも多々あるだろう。それでも全体としてシステムはうまく回っているように見えるのは、それぞれの現場のレベルから、それらを束ねる政策のレベルに至るまで、目指されるべき「生活の質」のイメージが共有されているためであるように思う。

　国家（または社会）が「生活」を保障することは、おそらく人権の問題として捉えられている。一人ひとりが自分に合った「生活」を営むことは重要な権利であり、それは人の属性や状態を問うものではない。高齢者であろうと障害者であろうと、あるいは国籍や貧富にかかわらず、すべての人の「生活」が保障されるべきである。そしてそのためには、「居住」「労働」「余暇」の三つの要素をすべて保証することが目指されている。そうした理念の共有が、個人の自立性と多様性を尊重する社会の形成につながっているのだろう（日本では、社会的サポートを受けている貧困者が「余暇」を楽しむことに対して反発を覚える人が多いように思う）。

3. 主体的に構築する生活と社会

　北欧のさまざまな取組みに目を向ける中でとりわけ強く印象に残ったことは、主体的な生活者としての人々の姿である。「福祉国家」というイメージと裏腹に、人々は充実した社会保障に守られて与えられた環境や社会システムを享受しているような受給者ではなく、自分の生活は自分で組み立て、責任をもって社会とかかわる、どこまでも自立した主体として振る舞おうとしているように見える。たとえサポートされるべき立場であろうとも、行政の制度やコミュニティによる支えに全

面的に寄りかかるようなことはない。そんな時でも、自分の価値観を大事にし、自分の意見をもち、自ら環境を整え、社会とのかかわりを構築し、自分のやるべきことを見いだしていこうとする。彼らの目指す自立とは、単に経済的な自立や身体的な自立ではなく、世界でただ一人の主体としての存在を確立しようとする哲学にあるように見える。

　本書で紹介するデザインやシステムは、単に生活の利便性を高めたり、本人ができないことを代わりにやってあげたりするようなものではない。居住のためのさまざまな取組みは、多様な住み手の主体性を引き出そうとする試みであるし、こどもたちの保育や教育のシステムも、知識や技術を教え込むことよりも主体性・自立性を伸ばすことに力点が置かれている。いずれも、個人が主体的に生活を組み立てられるように、社会や環境に対する働きかけを促したりサポートすることを意図してデザインされている。

　そして同時にこの社会システムもまた、一人ひとりが主体的にかかわることで成り立っている。ある時は当事者として、ある時はコミュニティの一員として、ある時はスタッフや運営者として、より良い社会とそのシステムを維持・構築する上でそれぞれが何らかの役割を果たそうとしている。さまざまな現場において、その都度関係者が話し合って決定していくという一見非効率的に見えるしくみも、全員が自分の意見をもち責任をもってその運営にかかわることを促している。社会のしくみが個人を、社会を構成する参加者として巻き込んでいる。

　こうしたしくみを可能にしているのは、国は自治体へ、自治体は現場へと決定権をおろしていることが大きいように思う。そのように現場に任せることができるのも、個人と社会との相互の関係こそがよりよい社会と生活を成り立たしめている、という理念が、個人レベルから社会レベルに至るまで共有されているからだろう。その結果、現場に

おいて、それぞれの参加者が責任をもって対応しつつ、より良いデザインやシステムを模索して試行錯誤が続けられている。

4. 社会で共有される公共的な価値観

　一般に個人と社会との関係は対立軸上で捉えられることが多い。社会決定論的なシステムとは、より良い社会をつくるために制度や環境を整え、人の生活をコントロールしようとする考え方である。一方、個人の自由を最大限優先させ、社会の関与をなるべく小さくする自由主義的な考え方は、人間決定論的なシステムと言える。前者の場合、ともすると個人の自由よりも社会の秩序が優先され、個人の自由や自立が疎外されることもある。後者では、往々にして競争的な価値観が支配しがちであり、何か不具合が起きた時にすべて原因が個人に帰結されてしまいかねない。いずれのシステムにおいても、個人と社会とのどちらを優先させるべきか、という議論は繰り返されている。

　北欧の社会は、どうやらそのいずれとも異なるシステムを求めている。社会的な制度で個人の自由を縛るのでも、また社会の関与を最低限にして個人の自由を優先させるのでもない、個人と社会との相互依存的・互恵的な関係を目指すシステムである。自立した多様な個人がつねに社会にかかわり、互いに対話しながら社会の維持・構築に自ら参加していくとともに、そのように維持・構築された社会が個人の自立性と多様性を担保していく。個人と社会とがダイナミックにかかわり合うことで実現される相互浸透的な社会のあり方からは、社会哲学者のハバーマスが「生活世界」とよんだ社会に通底する公共的な価値を汲み取ることができるように思う。

　このような公共性を重視する価値観は、個人と社会の両者をつなぐ

しくみとしてさまざまに反映されている。前述したように、教育から就労支援に至るまで、そのシステムは個人が社会の構成員として参加する主体となることを目指してデザインされている。個人が自立するということは、社会に参加することであり、社会とかかわり、社会に参加することによって、個人が公共的存在として意識付けられていくのである。

　かつてスウェーデンの研究者から、日本とスウェーデンの政治状況の最大の差異は、政治家に対する信頼性にある、という話を聞いたことがある。彼国では「生活」に対する理念が政治家と国民との間で共有され、政治家は目指す社会の実現のための政策を謳い、国民はその成否に対してつねに厳しく監視の目を光らせている。ウソをついたり権力を私物化するような政治家は即座に失脚させられるという。こうした緊張感のある関係の中で政治家と国民との間の信頼感が築かれてきた。その結果、個人と社会の間に見いだされる公共的な価値観は、政治のレベルから生活のレベルに至るまで、一貫しているように思う。つまりそれが、北欧における「ふつう」の価値観として、社会に根付いているのだ。

5. 環境行動研究の視座

　本書は、北欧に滞在経験をもつ建築研究者によって記されたものであり、中でも「環境行動研究」という分野に携わる研究者が中心になって事例を集め、とりまとめたところに特徴がある。「環境行動研究」とは一言で言えば、「生活の質」を豊かにする「環境の質」を捉えることを目的に、人と環境との相互に影響し合う関係に着目し、そこからデザインのあり方や、環境の形成・運営の方法までを検討しようとす

る学問分野である。

　この研究の主題は、環境が人にどのような影響を与えるのか、ではない（そのような人と環境の捉え方は「環境決定論」とよばれる）。実際には人の側も環境に影響を与え、環境を変容させつつ、人と環境が互いに馴染んでいく、そのような、ダイナミックに築かれていく人と環境との分かちがたい関係（「トランザクション＝相互浸透的関係」とよばれる）のありように主題がある。この立場ではとくに、人の環境に対する主体的なかかわりの様態が、「生活の質」を大きく規定するものとして重視される。そして、豊かな「生活の質」を実現させるため、環境のあり方だけでなく、環境を支えるシステムのあり方、そこでの人のかかわり方、社会や文化のあり方に至るまで、包括的に捉えていこうとする姿勢が特徴でもある。

　日本の環境行動研究の研究者は、さまざまな場面における人と環境とのトランザクションに注目してきた。住宅において、さまざまな施設において、都市環境において、あるいはまちなかのちょっとした場所において、そこにかかわる人たちの生き生きとした生活を支えるトランザクションのありようが見いだされている。しかし現状ではまだ個別の事例の話にとどまることが多く、その知見は十分に一般化されるよりも途上の段階であり、またその関係をどのように継続していくかも大きな課題となっている。実際に、時間とともに環境が変わり、制度が変わり、人の意識が変わる中で、豊かなトランザクションが失われてしまうことも少なくない。

　そのような状況の中、環境行動研究の研究者が北欧に目を向けることは、おそらく大きな意味をもっている。本書の執筆者たちが北欧の現場に実際に身を置いて見いだしてきたことは、それぞれの現場において、人と環境との相互の関係をその都度つく作り出そうとするプロ

セスが重視され、そのプロセスを促すためのデザインが施され社会システムが構築されている状況に身を置き、実際に体験してきた。それはまさに、環境行動研究の研究者が見いだそうとしてきた人と環境との関係に近いものであり、環境行動研究の目指す価値観や方法論が実際に「生活の質」の向上に寄与している実践例として捉えることができるだろう。それぞれの事例を、個別のデザインや制度のもたらす効用という視点から評価するのではなく、あらためて環境行動研究の視座から捉えることで、その価値や役割をより深く掘り下げることができると考える。人と環境との豊かなトランザクションを可能にするための環境のデザイン、システムのしくみ、人々の意識や価値観、そしてより大きな政策のあり方までを包括的に捉えていく作業を積み重ねることによって、私たちは北欧からより多くの価値を学ぶことができるように思う。

6. 本書の読み方

　本書では、北欧に見るさまざまな環境デザインや社会的取組み、運用するためのシステム、その背景にある考え方などを、数多くの事例で紹介している。ただし、各事例で紹介される項目を、北欧という独特な社会において生まれた画期的なデザインやユニークな事例として見るだけでは、その全貌は見えてこないように思う。おそらくそれぞれの取組みは、この先まだまだ変化し続けていくだろうし、より新しい画期的なシステムも登場してくるだろう。ここで紹介されている住まいのあり方、施設のあり方、まちづくりの取組み、新しいデザインなどは、いずれも、人々の生活の質の向上を目指して、共有された価値観や方針のもと、公共的価値観と合理的価値観の交叉するところ、

政策レベルと現場レベルでの即応的関係の中で生み出されつつある試行錯誤の例として、捉えていただけるとよいのではないかと考えている。多くの事例から、自立した個人が主体的に参加しながらつくり出そうとしている北欧の「ふつう」の社会の姿が浮かび上がってくることを期待したい。

　最後に、本書の構成は、「生活」を構成する三つの要素である「居住」「労働」「余暇」になぞらえている。第1章「住まいのしくみと環境デザイン」では、生活の基盤となる「居住」の場のさまざまな様態や「居住」を支えるシステムについて紹介される。第2章「学びや仕事のしくみと環境デザイン」では「労働」を社会参加の機会として捉え、職場のみならず、社会参加を促すしくみとして保育や教育の話題が紹介される。第3章「自分を取り戻すための環境デザイン」では、日常・非日常的に自分を解放する「余暇」にかかわる環境に加え、社会からいったん離脱した人が再度社会にかかわるために自分を取り戻すための医療・療養のしくみが紹介される。それぞれの話題は独立してはいるが、「生活」がこの三つの要素を統合したもので成り立っているように、互いにかかわり合った内容を含んでいる。北欧における個人の「ふつう」の生活が、これらのしくみと環境デザインによって立体的に取り巻かれ、包括的に支えられていることを感じていただけると幸いである。

謝辞

本書は、北欧 3 か国において著者らが展開した
研究活動をベースとして纏めたものです。それ
ぞれの研究調査活動においてご協力いただき
ました関係各所・関係者の皆さまへ、ここに
記して感謝を表します。

スウェーデン王国
SWEDEN

DATA
人　口：1,000万人
面　積：45万km²
公用語：スウェーデン語
首　都：ストックホルム
通　貨：スウェーデン・クローナ

スウェーデン王国の歴史

　スウェーデンは中世以降デンマークとともに北欧の覇権を争っていたが、1523年グスタフ・バーサの即位によりデンマークから独立した。1995年にEUに加盟している。現在21の県（レーン）からなる。なお日本との外交関係は2018年に150周年を迎える。

代表的なデザイン

　スウェーデンは、ファストファッションのH&Mや家具のIKEA、自動車のボルボや通信機器のエリクソンなど世界的な企業を多数輩出している。快適な生活を実現するためのプロダクトが、高価なデザイナーの作品から安価な価格のものまで幅広く用意されている。例えば椅子などの家具は、若い家族の住まいを訪問すると、ほとんどIKEAの商品が使用されている。しかしながら、年配者の自宅を訪ねると、カール・マルムステンの作やその家に代々受け継がれ修復を重ねた美しい家具が利用されている光景を目にする。この国を代表する土産物といえば、ダーラナ馬である（①）。手仕事による製品と質の高いプロダクトが共存している社会である。

代表的な建築家とその作品

　20世紀のスウェーデンを代表する建築家は、ラグナル・エストベリ（Ragnar Östberg 1866-1945）、グンナール・アスプルンド（Erik Gunnar Asplund 1885-1940）、ピーター・セルシング

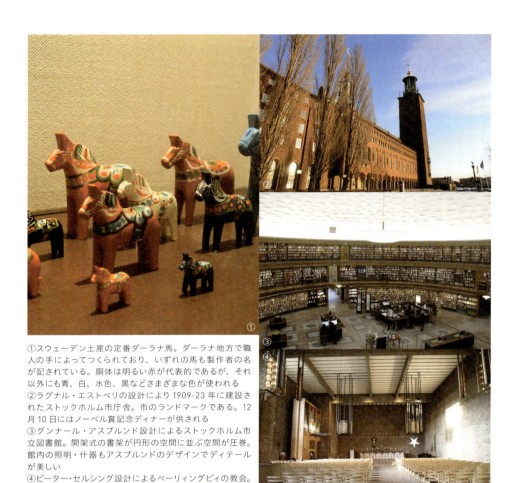

①スウェーデン土産の定番ダーラナ馬。ダーラナ地方で職人の手によってつくられており、いずれの馬も製作者の名が記されている。胴体は明るい赤が代表的であるが、それ以外にも青、白、水色、黒などさまざまな色が使われる
②ラグナル・エストベリの設計により1909-23年に建設されたストックホルム市庁舎。市のランドマークである。12月10日にはノーベル賞記念ディナーが供される
③グンナール・アスプルンド設計によるストックホルム市立図書館。開架式の書架が円形の空間に並ぶ空間が圧巻。館内の照明・什器もアスプルンドのデザインでディテールが美しい
④ピーター・セルシング設計によるベーリングビィの教会。煉瓦積みの重厚な壁構造の空間に、天井と側面の窓から柔らかな光が注ぐ。文化会館とは対照的な建築物である

（Peter Celsing 1920-1974）が挙げられる（②〜④）。いずれも首都ストックホルムにおいてランドマークとなる建築物を残している。ノーベル賞ディナーが饗されることで有名なストックホルム市庁舎は、この国のナショナル・ロマンティシズム建築のモニュメントとも言える建築物であり、エストベリの設計による。世界遺産登録された森の墓地やストックホルム市立図書館は、北欧新古典主義の旗手アスプルンドによる名作である。また、1970年代の再開発事業により整備されたセルゲイ広場に面したガラス張りの文化会館はセルシングの設計によるものである。セルシングはこの代表作以外にも美しい教会をヨーテボリィやストックホルム郊外住宅地ベーリングビィに残している。（水村容子）

フィンランド共和国
FINLAND

DATA
人　口：540万人
面　積：33.8万km²
公用語：フィンランド語、スウェーデン語
首　都：ヘルシンキ
通　貨：ユーロ

フィンランド共和国の歴史

　フィンランドは現在19の県からなる共和国で、スウェーデンに1155年～1809年、その後ロシアに占領されていたが、1917年に独立した。1995年にEUに加盟している。

代表的なデザイン

　フィンランドには、世界的に展開するブランドがいくつもある。その一つは通信技術で世界的な企業となったノキア（NOKIA）である。もともとは製紙会社、ゴム会社、電信ケーブル会社の3社が1967年に合併したことを契機に、通信分野に進出した。大きな花柄が有名なマリメッコ（marimekko）（①）もフィンランドのアパレル企業である。マリメッコとはフィンランド語で「マリのドレス」の意味で、日本人にも見られる人名「マリ」は、フィンランドでも比較的ポピュラーな名前である。その他、フィンランド人の日常生活に欠かせないイッタラ（Iittala）の食器やレトロなファブリック（②）も北欧デザインの代表と言える。アルヴァ・アアルトや妻アイノがデザインしたイッタラの花瓶やガラス食器は、80年の時を超えて世界中で愛され続けている。世界的に知られているキャラクター、ムーミンもフィンランドで生まれた（③）。原作者トーベ・ヤンソン（Tove Jansson 1914-2001）が描いたムーミンとその仲間たちの生活の舞台であるムーミン谷の原画は、フィンランドの原風景を想起させる。

①日本でも有名なマリメッコ
②レトロで魅力的な雑貨
③ナーンタリにあるムーミンワールド

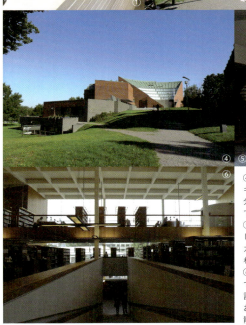

④アルヴァ・アアルトが設計し1958年に竣工したヘルシンキ工科大学(現・アアルト大学)のキャンパス。扇形の部分は階段型講義室。敷地の傾斜にそって建築が配置されている。
⑤アルヴァ・アアルトの自邸。一時はアトリエとしても使用していた。アアルトと妻アイノのデザインした家具、ランプ、カーテンなどのプロダクトが生活空間に繊細に取り入れられている。
⑥トゥルク市立図書館はJKMMの設計。細い角柱といくつかの吹抜けによって、1〜3階まで気配が伝わるように計画されている。子どもからお年寄りまで幅広い来館者がおり、まるでまちなかを歩く楽しさを感じながら建物内を散策できる。

代表的な建築家とその作品

著名な建築家といえば、やはり20世紀を代表する世界的なフィンランド人建築家アルヴァ・アアルト(Alvar Aalto 1898-1976)だろう。紙幣になるなど、フィンランドの国民的人物である。その活動は、都市計画、建築から家具、食器、絵画まで多岐にわたる。代表作に、ヘルシンキ工科大学(④)、自邸(⑤)、フィンランディアホールなどがあり、曲線を生かした有機的なデザインや、木材・煉瓦などの素材を生かした空間が特徴的である。アアルトの後の世代として、近年、トゥルク市立図書館(⑥)など公共建築を多く手がけている4人の建築家ユニットJKMM Architectsなどが注目を集めている。

(垣野義典)

デンマーク王国
DENMARK

DATA
人　口：570万人
面　積：43,560km²（グリーンランド、フェロー諸島を除く）
公用語：デンマーク語
首　都：コペンハーゲン
通　貨：デンマーククローネ

①コペンハーゲン沖の洋上風力発電

デンマーク王国の歴史

　デンマークは北欧の最南端に位置し、本土はドイツと接するユトランド半島、フュン島、首都コペンハーゲンのあるシェラン島からなる。14世紀末に結成されたカルマル同盟を率いる存在だったが、スウェーデンの独立以降、本土は次第に縮小してきた。第二次世界大戦中はナチスドイツの占領下で抵抗運動が広く行われ、事実上の連合国と認識されていた。民主主義の成熟度の高い国であり、デンマーク史における最も重要な人物の一人、N.F.S.グルンドヴィ（Grundtvig）の思想に基づいて19世紀前半に創始された成人教育学校フォルケホイスコーレ（Folkehøjskole）の存在は、これに大きな役割を果たした。

　今日では再生可能エネルギー政策のフロントランナーという顔ももつ。風力発電を本格的なエネルギー源として導入したパイオニアであることから、小国ながら風力発電タービンの生産量では大きなシェアを占める（①）。

代表的なデザイン

　デンマークは多くの著名なデザイナーやブランドを輩出している。例えば、家具ではハンス・ウェグナー（Hans Wegner 1914-2007）、建築家でもあるフィン・ユール（Finn Juhl 1912-1989）やアルネ・ヤコブセン（Arne Jacobsen 1902-1971）、照明器具ではポール・ヘニングセン（Poul Henningsen 1894-1967）などである。シンプルで機能的であることがデンマークのデザインの特徴といえ、インテリアから日用品、工業製品に至るまで多くの優れた製品がある。日常でもそれらが当たり前に使われており、家庭やオフィスでも広く見ることができる。

代表的な建築家

　シドニー・オペラハウスの設計者、ヨーン・ウッツォン（Jørn Utzon 1918-2008）がおそらく最も知られた建築家だろう。国内ではバウスベア教会（②）や、ゆるやかな地形の起伏に沿って配置された集合住宅キンゴ・ハウスが有名である。ウッツォンのデザインは自然が成長する

②バウスベア教会（ウッツォン）。ハイサイドライトから入る自然光が雲形の天井に空のうつろいを映す　③ムンケゴールスコーレン（Munkegårdsskolen）（ヤコブセン）の教室。家具も学校用のものをデザインして使っている。近年、デンマークの若手建築家ドーテ・マンドルップ（Dorte Mandrup）設計で増築が行われた　④コペンハーゲン IT 大学（ラーセン）。中央のアトリウムにグループスタディ用の小部屋が突き出す　⑤ヴァンクンステン設計の集合住宅の一つ、ダイアナズ・ヘーヴェ（Dianas Have）

パターンにヒントを得ていると言われる。

　先述したアルネ・ヤコブセンの作品はストイック、機能的で、近代建築を明快に体現している。コペンハーゲン中心部に建つ SAS ホテル、国立銀行の他、多くの集合住宅や公共建築を残した（③）。ヘニング・ラーセン（Henning Larsen 1925-2013）は今日のデンマークを代表する設計事務所を作り上げ、コペンハーゲン・オペラハウスをはじめ、デンマーク国内外で多数の作品を設計している。彼はヤコブセンやウッツォンの生徒であった（④）。

　筆者がデンマーク的と感じるヴァンクンステン（Vandkunsten）も挙げておきたい（⑤）。1970 年に 4 人のチームが設立した設計事務所で、コミュニティや住民参加、サスティナビリティといった社会的テーマに当初から取り組んできた。1970 年代の公営住宅ティンゴーデン（Tinggården）では、低層高密、ヒューマンスケールで街路的な外部空間、ローコスト材料の使用などを特徴とするデザインで、集合住宅計画に大きな影響を与えた。（伊藤俊介）

022

第1章

住まいのしくみと環境デザイン

　「住まい」は北欧の人々にとって生活の「中心」あるいは「すべて」と言っても過言ではない。彼らは、長く暗く寒い冬を快適に過ごすために住まいのしつらいにこだわる。しかし、彼らのこだわりは「住まいのしつらい」というハード面にとどまらず、「ライフスタイル」というソフト面にもおよぶ。そしてこの「スタイル」というソフトは、個人の嗜好の範囲によるものではなくワークライフバランスや子育てと仕事の両立、女性の社会進出など、北欧の社会システムによっても裏打ちされているものでもある。

　本章では、さまざまな観点からそうした住まいのしくみとそれに応じた環境デザインを紹介する。

1-1 FINLAND
自立した暮らしを支える高齢期の住宅

高齢者住宅に住む一人暮らしの女性。野で摘んだブルーベリーをジャムにする準備をしている

高齢期の新しい住宅

　「施設」から「住宅」へ。北欧諸国が同様に歩んできた道である(①)。居住とケア、食事等のサービスが一体的・一律に提供される「施設」(institution)はコストがかかる。また、居住とケアやサービスの一体化はその選択性と柔軟性に欠ける。何より「施設」は「住宅」ではないため施設的な環境、つまりは立地においても隔離性が高く、良質な居住環境を提供することが難しくなり、生活の質の面でも十分ではない状況に陥る傾向にあった。

　北欧諸国では、高齢期においてもできる限り住み慣れた地域や住宅で、また良質な居住環境において主体的に暮らし続けることができるしくみを整える動きが1980年代後半から起こ

っていた。夜間も含めた訪問介護・看護など在宅での生活を支えるしくみを整える一方で、高齢期における適切な住宅の提供という観点から「新しい住宅」の整備を進めた。つまり、アクセシブルでバリアフリーの「住宅」を基盤としながら、個々のニーズに合わせてサービスが付加するしくみの住宅である。認知症や障害者のグループホーム（小規模な共同居住形態）などもこれに相当する。

「住宅」であることと「施設」との違い

「施設」と「住宅」の根本的な相違はどこにあるのか。一般的に「施設」は受け身の場であるが、「住宅」は主体的な生活の場である。制度上、「住宅」として扱うことで保証すべき居住環境（面積、設備等）が明確になる。トイレやシャワー、キッチンがない室は居住空間ではなく単なる療養空間である。だれが居住するにせよ「住宅」であれば相応の設備や広さが求められるようになる。結果として居住環境は向上し、生活の質向上につながる。その上で、その住宅にどのようなサービスやケアを付加していくかを考えていくことになる。サービスが必要な人は必要な内容の、また必要な量のサービスを選択（購入）すればよい。「住宅」であることを明確にすることで、居住者としての主体的な立場を確立させ、「自立」した暮らしを支えるための場であることを表明することになる。

子ども世帯との同居や子どもによる介護がまれな北欧では、高齢者だけで暮らす形態が一般的である。一方で、1960～70年代に建設されたエレベーターのない集合住宅に居住する高齢者も少なくないし、人口密度の低い北欧においては、買い物が不便な地域に居住する高齢者も少なくない。

より利便性の高い場所で、高齢期になっても住み続けが可能な設備や環境をもった住宅は、高齢期の安心した暮らしを支えるためには極めて有用である。冬期、厳しい気候の北欧において、安心・安全に暮らすことができる住宅が求められたことは必然でもある。高齢期に合った、高齢期のための住宅に早いうちから転居するという「早めの引っ越し」という概念もある。

フィンランドの「サービスハウス」

フィンランドではこのような住宅を「サービスハウス」（palveluasunto）とよぶ。英語ではservice housingやsheltered housingと訳される。日中のみのサポート程度が付加された形態（一般型）と、24時間スタッフ常駐でケアやサポートが提供される形態（24時間ケア付き型）がある。サービスハウスが登場した当

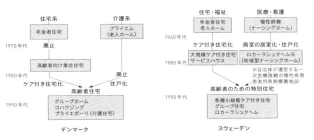
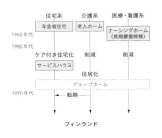

①北欧3か国の施設から住宅への流れ
デンマーク：介護施設を廃止して住宅側から支えるしくみに
スウェーデン：ケア付き住宅と介護施設を一本化して特別住宅として位置付け
フィンランド：施設系の枠組みを残しながらケア付き住宅に比重を移行

初は、一般型が多くを占めていたが、年々24時間ケア付きの数・割合が増加し、2000年と2015年での比較では、24時間ケア付きが5.7倍に、一般型は約半分になった（②）。「自立型」でスタートしたサービスハウスが居住者の高齢化、サービスやケアのニーズの増大により24時間ケア付き型に転換していったというのが、この数字が意味していることである（③）。「住宅」（ハード）と「サポート」（ソフト）とが分離していることで、このような型の変化もしやすくなる。24時間ケア付き型の利用者は約4万人に対して、一般型の利用者は約5千人となっている。65歳以上での各種サービス利用の状況を見ると、いわゆる「施設」（老人ホームや長期療養病床）の割合は劇的に減少し、24時間ケア付き型のサービスハウスが多くを占める昨今の状況も明らかである。「施設」からの脱却と、高齢期における新しい住まいの形としてサービスハウスの定着が如実に表れている。

サービスハウス居住者の暮らし

2011年にフィンランドのヘルシンキおよび近郊に所在する自立型のサービスハウス（12か所）に居住する居住者（147人）に対して行ったアンケート調査からは、そこでの暮らしの形やその実態が見えてくる。

居住者のうち女性が約80％を占めて、平均年齢は男女とも約81歳である。一人暮らしが89％、夫婦居住が11％、身体的には「自立」している人が55％だが一部サポートが必要な人も45％いる。居住期間は1〜3年が最も多く26％、5〜10年も25％を超える。10年以上の居住者も17％いた。

居住前の住宅形態は所有（持ち家）が67％、賃貸が27％で、自宅を売却してサービスハウスに移った人が79％を占める。また、転居の意思決定をしたのは「本人」であるケースが67％と多く、主体的な転居が多い。ちなみに日本の同種の住宅では、30％弱が「本人」の意思で、家族の意向が強く働いての転居が約60％を占める（④）。

サービスハウス内や地域で開催されるさまざまなアクティビティ（趣味活動）への日常的な参加意欲は高く約70％の居住者が日常的に、積極的に参加している。また、家族とも密な関係を構築していて、家族の訪問・面会も多く、電話による会話頻度も非常に高い（⑤）。友人・知人との交流（面会、電話）も積極的である。住宅を選定する際に重視したことも「プライバシー」や「住宅の質」など日本の高齢者と比較するとその特徴が分かる（⑥）。サービスハウス内

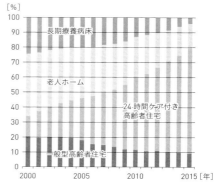

②施設から住宅への流れ（65歳以上、各種サービス利用人数）　③高齢者ケアの場の変遷

での日中の活動・行為では、「ラジオ」「コンピューター」「読書」「手工芸」「クロスワード等ゲーム」「体操」等の割合が、日本の高齢者と比べて顕著に高く、フィンランドの高齢者の暮らしの一端をうかがい知ることができる（⑦）。

主体的な転居と生活がサービスハウスでの居住満足度の高さにもつながっている（⑧）。

「自立」して暮らす「覚悟」

サービスハウスは、ある程度の介護が必要となっても暮らし続けることが可能な「住宅」である。手厚いサポートが必要となり、求めれば、その人に合わせて提供される。希望すれば亡くなるまで暮らし続けられる。しかし、それを成立させ、また可能とするのは単に手厚いサポートがあるということではない。あくまで前提にあるのは、住宅で暮らす上で必要な割り切りと覚悟、一定のリスクの許容、過度に医療に頼らない覚悟、何よりも最後まで一人ひとりが「自立」して暮らすのだという意欲と覚悟がそれを可能にする。北欧で芽生えて発展してきた高齢者住宅は、高齢期における主体的な住まい方の模索の上に成り立っている。その人が、その人らしく人生の最期の時間を過ごす場所と、それを支える居住環境。それらを追求した結果としての住まいの形である。（石井敏）

④高齢者住宅への転居の意思決定

		本人	配偶者	子	親族	その他	合計
フィンランド	人数	97	7	26	4	10	144
	割合	67.4%	4.9%	18.1%	2.8%	6.9%	100.0%
日本	人数	62	8	119	22	13	224
	割合	27.7%	3.6%	53.1%	9.8%	5.8%	100.0%

⑤高齢者住宅居住者の家族との電話会話の有無（過去1週間）

		なし	あり	合計
フィンランド	人数	13	130	143
	割合	9.1%	90.9%	100.0%
日本	人数	80	144	224
	割合	35.7%	64.3%	100.0%

⑥高齢者住宅居住者の住宅の選定の際の主要要因（フィンランド N=142、日本 N=207、複数回答）

	要素（上位5つ）	人数	割合
フィンランド	立地	90	63.4%
	プライバシーの可能性	57	40.1%
	住宅としての質	41	28.9%
	ケアへの安心・信頼	41	28.9%
	自然環境	38	26.8%
日本	立地	91	44.0%
	ケアへの安心・信頼	88	42.5%
	食事サービス	73	35.3%
	医療への安心・信頼	50	24.2%
	料金	46	22.2%

⑦高齢者住宅居住者の家での主な活動や行為（複数回答）

活動・行為	フィンランド 人数	フィンランド 割合	日本 人数	日本 割合
飲食・睡眠	47	32.6%	35	15.7%
ラジオ	74	51.4%	24	10.8%
テレビ	116	80.6%	145	65.0%
パソコン・インターネット	30	20.8%	8	3.6%
休息	16	11.1%	26	11.7%
読書	54	37.5%	34	15.2%
手工芸	37	25.7%	8	3.6%
音楽リスニング	4	2.8%	8	3.6%
庭仕事	4	2.8%	3	1.3%
運動・ウォーキング	19	13.2%	10	4.5%
家事	12	8.3%	6	2.7%
書きもの	7	4.9%	3	1.3%
アナログゲーム（クロスワードなど）	18	12.5%	4	1.8%
デイサービスなどでのアクティビティ参加	1	0.7%	7	3.1%
人数計	144		223	

⑧高齢者住宅居住者の居住における満足度

満足度	フィンランド 人数	フィンランド 割合	日本 人数	日本 割合
5 大変満足	76	52.8%	33	14.3%
4 満足	61	42.4%	106	46.1%
3 ふつう	6	4.2%	73	31.7%
2 不満足	1	0.7%	14	6.1%
1 大変不満足	0	0.0%	4	1.7%
合計	144	100.0%	230	100.0%
平均スコア	4.47		3.65	

1-2 FINLAND
地域居住を支える サービスハウスとサービスセンター

サービスセンターにあるカフェ。だれでも気軽に利用できるコミュニケーションスペース

大きなバルコニーをもつ高齢者住宅の居住スペース。その人らしい暮らしの継続が可能な住空間と、しつらえられた家具や持ち物

多様なサービスハウスの形

フィンランドの高齢者向け住宅であるサービスハウス。その住宅は木造平屋建ての小規模なものから規模の大きいものまでさまざまなタイプがある。地方分権が進むフィンランドでは、国により定められた整備基準はなく、各自治体が地域の実情に応じて計画する。近年、とくに都市部では大規模化と機能の複合・統合化によるサービスハウス建設が進む。

地域拠点としてのサービスセンター

フィンランドのサービスハウスの運営は自治体のほか、非営利法人（NPOや財団）がその中心を担う。サービスハウスを計画する場合には、サービスセンター（palvelukeskus）を併設することが一般的である（①）。住宅居住者だけではなく、地域に開放した機能と場をもつ部門である。例えば居住者はもちろんだれでも利用できるカフェやレストランを備える。地域への配食機能をもつところもある。プールや各種のトレーニングマシンなどの健康増進の機能や設備をもつことも多い（②③）。プールは高齢者の健康増進やリハビリ活用のほか、地域の子どもの利用、ベビー・マタニティスイミングなどにも利用される。トレーニングルームでは理学療法士による個々に合わせたプログラムも提供される。

ビリヤードやクラフトルーム（織物や工芸など）もある（④）。これらはデイ（アクティビティ）センターとよぶことが多い。比較的自立し

1 サービスハウス住戸
2 サービスハウスのユニット共用部（サウナやリビングなど）
3 サービスハウス全体での共用部（廊下、スタッフ室など）
4 グループホーム
5 サービスセンター（レストラン、カフェ、プール、アクティビティセンター、トレーニング室、会議室、事務室など）

①サービスハウスとサービスセンター構成概念図

②サービスセンタープール

③サービスセンターのトレーニングルーム

④サービスセンターのアクティビティ

た人の日中の余暇活動の場、交流の場となる。地方部でのサービスハウスでは、さらに薬局やスーパー、銀行、広場なども併設し、地域住民の生活の拠点や中心になるような計画をされている例もある（⑤）。

サービスハウスの居住空間

住戸部分は、単身用で40㎡が計画の目安となっている（⑥）。リビングと寝室とが明確に分けられ、かつ車椅子利用が可能な広さをもつシャワー付きのトイレが付く（⑦⑧）。トイレはベッドルームからのアクセスを意識して計画される。そのほかキッチンも付く。夫婦用だと60㎡が目安となる。

とくに認知症や障害のある人を対象としたグループホームが併設されることもある。グループホームの場合には居室は22〜25㎡のワンルームで計画されるのが一般的で、車椅子利用が可能なトイレ・シャワーが付く。ミニキッチンが備えられる場合もある。5室程度で空間的なまとまり（空間単位）をつくり、2〜3単位を合わせて一つのグループホーム（運営単位）をつくる形が多い。共用空間にはリビング、キッチン、サウナ、洗濯室、スタッフ室が含まれる。

大規模化・複合化するサービスハウス

近年は、とくに都市部では運営の効率化の観点から大規模化・複合化された高齢者住

⑤地域の拠点としてのサービスハウス

⑥サービスハウス住戸の計画例

⑦住戸のトイレ

⑧住戸のしつらい

宅が計画されている。例えばヘルシンキ市に2009年に建設されたコントゥラサービスセンター（Kontula service centre and housing）は6階建ての24時間ケア付きサービスハウスである（⑨）。14の住戸を一つの単位（ユニット）としたグループホーム型のつくりで、14ユニット（計196戸）で構成されている（⑩〜⑫）。

サービスセンターでは地域の高齢者だけではなく、移民、失業者などのサポートが必要な人たちすべてを対象としたセンター機能を担う。業務の効率化、スタッフ労働の軽減を図るべく最先端のナースコールシステム、ベッドセンサー、キーレスシステム、ごみ処理システムなど、最新の技術や製品導入にも積極的である。

多くの公共施設でも同様だが、建設費の1〜2％をアート（芸術やデザイン）に費やすことが求められるため、魅力的な居住環境がつくり出される。

いかにして、高齢期に安心して暮らすことができる住宅を用意するか。これが、フィンランドが国家的に進める重要施策である。既存住宅でのバリアフリー化、アクセシブル対応の一方で、新規住宅建設におけるサービスハウスの存在感はさらに増している。高齢期における住まいの選択肢の一つとして、サービスハウスは今後も重要な役割を担う。何かを期待し、また何かに頼って暮らすのではなく、一人ひとりが主体的に暮らすことを支えるためのシステムをもつ住宅であると言えよう。（石井敏）

⑨大規模化・複合化するサービスハウス

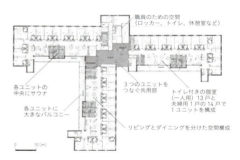
⑩サービスハウス構成例

⑪広いバルコニー

⑫霊安室

1-3 DENMARK
安心感と生き甲斐を得ることのできるエルダーボーリ

トーベック高齢者住宅の、連棟式の住戸の庭。ささやかな庭空間だが、気候が良い時期は高齢者が、この庭でゆっくりと過ごす。庭には、車椅子で手入れできる花壇があり、外周の垣根は140cm以下に高さを揃えられている。垣根越しに住人同士が挨拶を交わし、互いに見守りが可能となっている。

セルメアスポー高齢者住宅に併設されたアクティビティセンターの様子。高齢者住宅の住人のみならず、地域の高齢者もやってくる。地域の人は、高齢者住宅に住む前からアクティビティセンターの活動に関わっているため、いざ高齢者住宅に転居しても、地域の友人たちとのかかわりをここで維持していくことが可能となる

①トーベックエルダーボーリの敷地内。通路を通る際に各戸の個人庭の様子も垣間見える。それによって、自然とお互いの気配・安否を知ることができる

安心感を生む住まい

エルダーボーリ（ældre boliger、デンマーク語の高齢者住宅）に求められる環境とはどのようなものか。一言で言うと建物が住人同士の見守りを助け、安心を感じられるようにつくられている。加えて立地がよく、地域と良好な関係を保ちやすい。ここでは二つの事例を取り上げ、それについて見ていきたい。

他人とのつながりが緩やかに感じられる庭付きのエルダーボーリ

一つめは、緑豊かな海辺の小さなまちに建つ、トーベックエルダーボーリである（①〜④）。立地はまちの中心地で、図書館から100mのと

②トーベックエルダーボーリの住戸内のリビング

ころにある。隣は小さな公園で、シーズンには海水浴の人々が訪れる。また敷地内に、古い歴史的なホテルの建物が保存活用されて町のコミュニティスペースとして開放されている。つまり住民が、図書館や町の施設、公園を楽しむのに大変便利であり、さまざまな人がこの建物の近くを訪れるような場所に立地している。ここにはテラスハウスを含む24戸の高齢者住宅がある。一つひとつの住戸は55㎡で、1LDKに外部の個人庭が付属する。デンマークの設計者が、まずこだわるのは外部空間の設計である。各戸に小さな庭が付いているが、高齢者はこの愛らしい庭にコーヒーや本などを持ち出して一日のんびりと過ごす。そこに住人が通りかかれば軽く挨拶をし、友達が通りかかれば庭に招き入れて、楽しいおしゃべりにふける。庭を囲む生垣は高さを140cm以下とするルールがあり、家の中から通路を歩く人の姿が見え、通路からも家の人の気配が感じられる。隣棟間隔は8mで通路は広すぎず、向かいに住む人が外出したり来訪者があったりという様子が、良くも悪くも察知できる距離感に設計されている。ここでは外部空間のつくりによって、住民お互いの状況が自然と感じられるように仕向けられている。またエルダーボーリの設計者は、集合の戸数も意識的にコントロールするという。学校のクラスを思い出すと24人という人数は、なんとなく

お互いの名前も覚えられ、性格も理解できる。その人数が多くなりすぎると、全員を覚えることはなくなり一体感もなくなる。一方、10人以下など少なすぎても、住民の入れ替わりがうまく進まないという。住宅の住民が、身体状況が非常に悪い人ばかりにならず、何人かは比較的元気な人もいるミックスされた状況、それがつねに維持されることが重要だとする。そのためには、適当に入れ替わりが起こる住人数が必要とのことである。ある住民が、「特段に住民同士の会合がなかったとしても、みんな仲良しだし、だれかが倒れた時には、すぐ異変に気付くことができると思う」と話してくれた。

デンマークは在宅福祉の先進国とされ、徹底した在宅サービスが提供されているため、住みたいところに住み続けることが可能とされる。かようにサービスが行き渡る中、スタッフの常駐しないエルダーボーリも多く、そこで最期まで過ごす人もいる。しかし身体介護の訪問サービスだけでは、高齢者は安心して暮らしていけない。エルダーボーリにはバリアフリーのみならず、安心感が得られる工夫が必要であり、デンマークの事例にはさりげなく、しかし周到に工夫が織り込まれている。

地域の高齢者を結び付ける複合

二つ目の事例、セルメアスボーエルダーボーリを見てみよう。こちらもやはりまちの中心地に位置し、商業施設も近く、人々が憩う池に面しており素晴らしい立地である。そして注目したいのは、高齢者住宅に併設されたアクティビティセンターである。このアクティビティセンターは、60歳以上の同じ市の住民であればだれでも利用が可能である（⑤⑥）。この建物は590㎡とさほど大きいわけでもなく、住宅街に溶け込む程度の大きさであるが、中には談話スペース、オープンスペース、会議室、裁縫室、PCコーナー、パーティ用のレストランスペース、図書コーナーなどの機能が含まれる。そこではさまざまな活動、例えばフラワーアレンジメント、ダーツ、フランス語、編み物、体操などといったサークル活動が開催されている。アクティビティセンターは、日本のデイサービスセンターとは少ししくみが違う。どちらかと言えば福祉会館に似ているであろうか。建物は市が建設したが、高齢者中心のボランティア団体によってすべてが運営されている。センターには地域の高齢者も、隣接するエルダーボーリの住民

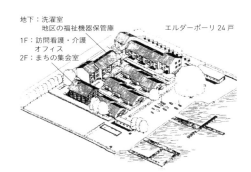

③トーベックエルダーボーリは、まちの中心部に立地している。敷地内に訪問看護・介護オフィスがあり、集会室も併設されている。また海水浴が可能な海や公園に隣接し、よく人が訪れる場所である

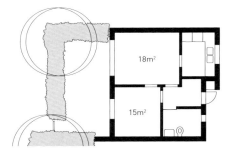

④トーベックエルダーボーリの住戸。ベッドルームとリビングに車椅子用キッチンがつく

も、さまざまなかかわり方をする(⑦⑧)。例えば、ある住民夫婦は「コーヒーをつくったり、バス小旅行を企画したりするボランティアをしていて、週に2〜3回かかわる」と言い、ある地域の高齢者は「PCの先生としてボランティアに来る」と言う。実際その様子を見ると、どの人が先生でどの人が生徒か分からないぐらい、和気あいあいと活動を行っている。このセンターは、地域の高齢者の人々が気軽に訪れる居場所であり、見知った人と集える場所である。

さて、ある92歳の女性にお話を伺うと、彼女は昔はまちに住んでいて石磨きのサークルに参加するためにここへ来ていた。ある時から隣接の住宅に住むようになり、目が不自由になったため石磨きサークルは辞めたが「朝や午後にコーヒーを飲みに来ていろいろな人としゃべります。センターに来る人は皆よく知っています」とのこと。このように年月の経過とともに、センターへのかかわり方は変わっていく。しかしセンターを通して、昔ながらの交友関係を保ちながら、安心感を得ているのである。

日本の高齢者住宅にもデイサービスセンターが隣接することは珍しくないが、それらは要介護になってから初めて利用できる施設である。元気な時に、ボランティアとしてもかかわっていくことができる高齢者の居場所、それが地域の高齢者同士を結び、高齢者住宅の住民にも安心感を与えることになるのではないか。

（生田京子）

⑤セルメアスボーエルダーボーリ。アクティビティセンター外観

⑥セルメアスボーエルダーボーリ。アクティビティセンター内で裁縫のサークル活動中

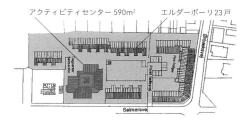

⑦トーベックエルダーボーリとアクティビティセンター配置図

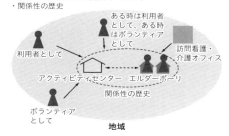

⑧セルメアスボーエルダーボーリと地域の高齢者をつなぐアクティビティセンター

1-4 DENMARK

居住者同士の助け合いが生まれるコレクティブハウス

中廊下空間の中には砂場があり、三輪車も漕げるぐらいのスペースがある。厳しい冬には、このような空間で小さな子ども達が安心して遊べる。住民が相互に見守り助け合っている

コレクティブ（Bofællesskabet）とは、生活や空間を複数の世帯で共同・共有する住み方である。例えば、自分の住戸のほかに共同のキッチンや食堂をもち、住民で夕食を共にするなどが典型的な姿である。

ユーストラップサアヴェアケ

ユーストラップサアヴェアケは多世代型のコレクティブで、子育て世帯や高齢者などが住んでおり、週6日夕食を共にしている。建物は21戸の住戸のほかに、共有スペースとして食堂・キッチン・リビング・木工室・裁縫室・洗濯室などからなるが、目を引くのは各住戸へ至る中廊下（屋根付きの廊下）空間である（①）。幅の広い廊下を挟んで、両側に住戸があり、トップライトから光がさんさんと差し込んでいる。中廊下空間の中には砂場があり、三輪車も漕げるぐらいのスペースのゆとりがある。厳しい冬の季節にも、小さな子どもたちが安心して遊べるような空間が設けてある。また子どもだけではない。各住戸の前にはテーブルや椅子が置かれたり、植栽がされたり鉢植えが置かれたり庭仕事道具が置かれたりと、物が「表出」している。さながら下町の路地空間のような雰囲気である。このような空間があれば、小さな子の面倒をほかの家族が見たり、高齢者が気軽にコミュニケーションを取ったり、さまざまなかかわり

①ユーストラップサアヴェアケの中廊下は、植栽豊かでテーブルなどが持ち出され、心地良いコミュニケーションの場となっている

②廊下沿いの住戸内から中廊下を望む。ブラインドを下ろさなければ、室内から廊下の様子がよく見える

③食堂とオープンキッチン。大型のキッチンで当番の人が全員分の食事をつくる

④共用リビング。暖炉を囲んでゆったりとつくられている

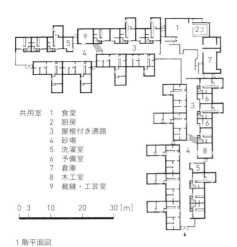

共用室　1　食堂
　　　　2　厨房
　　　　3　屋根付き通路
　　　　4　砂場
　　　　5　洗濯室
　　　　6　予備室
　　　　7　倉庫
　　　　8　木工室
　　　　9　裁縫・工芸室

1階平面図

⑤ユーストラップサアヴェアケ平面図
（開設：1984年、住戸数：21戸）

やつながりをもたらすであろう。写真には住戸の中から中廊下を見たものがある（②）。廊下沿いはダイニングやリビングなどになっており、中廊下に対してどれだけ開放的に過ごすかは住人次第である。案外、廊下から中が丸見えの住戸が多かったが、ブラインドを使って隠すことも可能である。各住戸はメゾネットとなっており、1階がリビングやダイニング・キッチンといった部屋で、2階に寝室・個室といったプラ

イバシーを保ちたい空間が配されている。よって、共有廊下沿いの部屋は共有空間に開いたような使い方をしている住民が多いのである。中が見える構成は、単独の高齢者などにとっては、いざという時に周囲の人に助けが求められるなどの利点もある。そのほかにも食堂や暖炉を囲むリビング空間など、ゆったりとしつらえられていて心地良い（③④）。一つ一つの住戸はどちらかというと狭めにし、その面積分を共有にあてることでコレクティブならではの充実した空間ができている（⑤）。

ヤーンストゥベリコミュニティ

　ヤーンストゥベリコミュニティもまた、多世代型のコレクティブである。この建物は鋳物工場を増改築することで、1981年よりコレクティブ住宅として活用されている（⑥、住戸数：20戸）。合同の食事は週3回で、1か月に一度ぐらいの頻度で食事当番が回ってくるという。ここでは中央にホール空間があり、そこを取り巻くように住戸が配置されている。住戸も工場の鋸屋根のスペースを活用してできているようだ。ホール空間はミニ体育館のような雰囲気でコートのラインが引かれている（⑦）。また、テーブル

⑥ヤーンストゥベリコミュニティの外観。
のこぎり屋根に工場の面影が見られる

席がいくつか設けられていたり、ビリヤード台が置かれていたりする（⑧）。パーティ会場として使われることもあり、ホールは子どもが室内でも楽しめる空間、かつ大人が集い談話することが可能なスペースとなっている。住戸が共有のホールに接するところは、各住戸思い思いの設いがなされている。ソファを置いている人、植物を置く人、収納家具を置く人などで、室内から共有スペースの様子を垣間見ることも可能である（⑨）。そのほか、共用空間としてキッチン、食堂、大きめのリビングルーム、洗濯室、倉庫などが備えられている。この事例は外部空間も豊かに広がっており、菜園・果樹園・遊具などがある。子どもにとっては室内でも室外でも、安心して居住者同士で遊ぶことができる良好な環境である。住民同士でカーシェアをしている人々もいるとのことである。

　これらデンマークのコレクティブを見ると、想像以上に各住戸と共用空間の接続がオープンに設えられていることに気付く。思想を同じくした仲間で過ごすことにより、昔の路地空間のご近所づきあいのような関係が生まれている。

　ヨーロッパやアメリカでは、日本に先行してコレクティブの発想が生まれた。その創始期には女性の社会進出が進む中、食事や子育てなどの労務を、シェアして共同化することにより軽減できるのではという考えがきっかけとなり展開されてきた。その後、核家族化が進む中で家族の枠を超えて居住者同士が助け合うことで、子どもや高齢者などにとって良好な環境が生み出せるのではないかという思想に発展してきている。コレクティブの歴史も40年近くなり、概念も一般化した。とはいえ、ヨーロッパやアメリカの人々の中でもコレクティブに住む人は少数派である。デンマークには多世代で暮らすコレクティブと、高齢者だけに限ったシニアコレクティブがある。コレクティブの多くは入居希望者の面談を行い、自分たちのコレクティブの考え方に共感した住民を選抜している。概念を共有した仲間で暮らしていく、一つのコミュニティと言えよう。（生田京子）

⑦ホール。いくつかの住戸がここに面している。体育館のような雰囲気

⑧ホールには、ビリヤードやテーブル席などが設けられている

⑨住戸前に、ソファが持ち出されており、ソファに座って子どもたちの遊ぶ姿を見ながら過ごすことができる

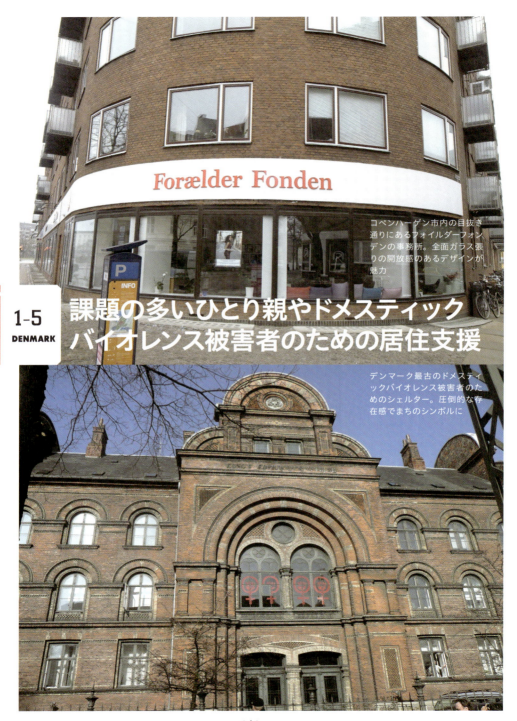

コペンハーゲン市内の目抜き通りにあるフォイルダーフォンデンの事務所。全面ガラス張りの開放感のあるデザインが魅力

1-5 DENMARK
課題の多いひとり親やドメスティックバイオレンス被害者のための居住支援

デンマーク最古のドメスティックバイオレンス被害者のためのシェルター。圧倒的な存在感でまちのシンボルに

都市部のひとり親住宅問題とその支援

　デンマークにおける子どもの貧困率（2.7％）はOECD加盟国中最も低く、ひとり親の子どもの貧困率も低位にある（OECD、2016）。とはいえ、ダブルインカムが一般的な同国において、たった一人で、育児と就労を両立しなければならないひとり親はどうしてもハンディを抱えがちである。そのため、ひとり親世帯に対しては、すべての有子世帯向けの家族手当に加えて、普通児童手当や追加児童手当、さらには、キャリアアップのための手厚い支援メニューが準備されている。しかし、それをもってしてもなお解決されないのが、都市部のひとり親の住まいの問題である。とくに、コペンハーゲンの住宅不足は深刻であり、安定した住宅を確保するまでに平均で10年から15年を要するとさえ言われている。地方や郊外であれば、その確保は容易になるが、職場の都合や子の環境維持のため、市内に留まることを強く希望するケースは多い。

　こういったひとり親に対して、コペンハーゲンにある民間団体フォルダーフォンデン（Forælder Fonden）は市内の賃貸住宅を借り上げ、ひとり親に貸し出す支援を行っている（①〜③）。管理する住宅は家具付きの2DKが42戸。入居に際して、日用品や電化製品は居住者が準備するルールである。家賃は2,970〜7,127デンマーククローネと物件によって幅広いが、所得や子の人数に応じて家賃補助が給付されるため、適正な負担で利用することができる。入居期間は、最大で1年半と長くはないが、多くのひとり親がこれをステップに自立を果たしている。

①静かな住宅街の一角にあるフォイルダーフォンデンが管理する住宅の外観。近くに公園もあり、子育て世帯には絶好のロケーション

②フォイルダーフォンデンが提供する住宅に入居するひとり親へのインタビューの様子。広々としたリビングは日当たりも良く快適そのもの

③狭い空間も工夫で乗り越える。就学前の男児の部屋。クリスマスやハロウィン、海賊ごっこなど、テーマを変えて、空間を設えるのだとか

学生ひとり親のためのシェアハウス

フォルダーフォンデンの事業の一つに、学生ひとり親のためのシェアハウスがある（④）。デンマークでは、ひとり親がキャリアを積むために、大学や大学院へ進学することは珍しくない。学費は無料、さらに、政府はひとり親向けに手厚い学生支援金（SU）を支給するなどして、それを奨励している。集中して勉学に励むために、居住者が助け合いながら、家事や育児の合理化ができるこのシェアハウスへのニーズは高く、1984年の開設以来、満室状態が続いている。高級住宅街フレデリックバーグ（Frederiksberg）にある3階建ての物件は1890年代に建てられた元女性教員退職者用の共同住宅を転用したものである。定員は13世帯、子どもは1~2名まで同伴できる。2Kの個室のほか、各階には共有のリビング、風呂、便所、キッチンが配置され、地下にはランドリールームやパーティルームが、最上階には会議室や学習室、さらにはゲストルームがあるなど、非常に豊かな環境である。家賃は光熱費込みで1世帯当たり3000デンマーククローネである。月に1回、団体スタッフと居住者を交えた会議が開催される。その際、それぞれの学習状況や子どものこと、そして、シェアハウス運営について話し合うという。なお、居住者会議は頻繁に開催されるほか、毎週木曜日は居住者全員で夕食を取るルールになっている。食事づくりは当番制で居住者が担う。日中、それぞれの個室の扉は開放されており、子どもたちは、居間や廊下あるいはバックヤードで遊んでいる（⑤~⑦）。つねにその様子が分かるところに大人たちがおり、それを見守る環境が自然に定着しているという。

④フォイルダーフォンデンが運営する学生ひとり親向けシェアハウス。瀟洒なレンガ造りの建物は、なんと築100年を超えるというから驚き

⑥学生ひとり親向けシェアハウスの内部の様子。廊下も子どもの自由な遊び場に。あちらこちらで子どものはしゃぐ声が聞こえる

⑤学生ひとり親向けシェアハウスの個室の様子。狭いプライベート空間をいかに機能的に、そしてスタイリッシュにしつらえるか。それぞれの個性が出ていて面白い

DV被害者のためのシェルター

　配偶者や家族からの暴力を受け、緊急に避難しなくてはならない女性のためのシェルターが国内全土に存在する。デンマークで最初のシェルターは、1979年に設立されたダナーハウスである（40頁写真下、⑧〜⑩）。その後、DV被害者のための住まいとケアの重要性が社会的に認知され、シェルター数は徐々に増加していく。ハウスの情報は、居住地の役所から得ることができる。入居者は、シェルターでゆっくりと休息し、カウンセリングなどのケアを十分に受けて回復を目指す。シェルターに利用される建物は団体によって多様性があるが、プライベートスペース、バスルーム、トイレのほか、くつろぎのスペースとしての居間やカウンセリングルームなど、豊かな共有空間が保障されている。とくに目を引くのが、子どものための空間である。いずれのシェルターでも、子どもの学び、そして遊びのための場が整備されている。母親がメンタルケアのためのカウンセリングを受けたり、スタッフに自立に向けての相談をしたりしている間、子どもたちは、そこで、自由に過ごすことができる。暴力的な生活に抑圧されてきた子どもたちへの配慮として専用の空間の必要性が強調されており、その場を活用したケアシステムも充実している。遊びを通したカウンセリングや被害児童を集めたグループカウンセリングなども提供される。（葛西リサ）

⑦居住者らが誇る緑豊かなバックヤード。安心して子どもを遊ばせることができるほか、休日には日向ぼっこをしながら、読書をする居住者の姿が見られる

⑧ドメスティックバイオレンス被害者のための居室。危機的な状況で逃避してきた被害者がリラックスして環境に溶け込めるように、清潔でアットフォームな雰囲気を大切にしているとのこと

⑨シェルター内にある子どもの学習スペース兼遊び場。一時避難中であっても、子どもたちに普通の暮らしを保障することが重要視される

⑩シェルター内の豊かな共有空間。ここでは、居住者同士が共に食事をしたり、来客を招き入れて語らう姿が見られる

1-6 SWEDEN
コミュニティの絆を築くコモンスペース
コレクティブハウスという住まい

ストックホルムの南部セーデルマルムにある多世代型コレクティヴハウス、テゥルスティーガ（Tullstuga）でのコモンミールの風景。幼い子どものいる家族や高齢者など多様な世帯が集い夕食を共にする

スウェーデン型コレクティヴハウスとは

　共同体的居住形態コ・ハウジングは、ヨーロッパでは16世紀のころ登場し、その後各地で独自に発展していった。19世紀から20世紀初頭にかけて貧困国であったスウェーデンでは、女性の就労を促すために家事労働が合理化された住宅が登場した。こうした住宅では中央に厨房が設置され配食サービスや洗濯サービスが提供された。第二次世界大戦後、豊かになったこの国では、女性を専業主婦として家庭にとどめることをよしとした時期もあったが、1960年代からは、世界的な女性の権利獲得運動の影響を受けて、女性の就労率は再び上昇していった。1970年代後半に女性の権利獲得運動団体BiGが「家事協働モデル（BiGモデル）」とい

う居住形態を提唱し、このモデルが現在のスウェーデンにおけるコ・ハウジング、すなわちコレクティブハウス（Kollektivhus）の原型となっている。

現在、国内のコレクティブハウスは34住宅、さらには11か所で計画中である。ストックホルム、ヨーデボリ、マルメの三大都市圏を中心に、オレブロ、ファールンなどの地方都市でも建設が進められている。住宅の所有形態は、公的賃貸に加えて、居住権所有、さらには協同組合による居住権所有などによって構成される。とくに、首都ストックホルムの住宅供給管理会社ファミリーイェ・ボスターデル（Familjebostäder）社では、公的賃貸住宅としてコレクティブハウスを供給している（①）。

①ストックホルムの住宅供給管理会社の一つ、ファミリーィエ・ボスターデル社によるコレクティブハウスの案内広告。同社では単身高齢者や障害者、シングルペアレントなど多様な人々が暮らす多世代型コレクティヴハウスと40歳以上の単身および子どもと同居していない夫婦世帯が入居できるシニア型コレクティブハウスを公的賃貸住宅として供給している。住民の自主運営により豊かな集合住宅コミュニティを形成している

②シニア型コレクティヴハウス、ソッケンスティゲン（Sockenstugean）のアウトリビングでのティータイムの風景。フィーカ（Fika）とよばれるティータイムはスウェーデン人にとって不可欠な生活の潤いである

二つのタイプの住宅があり、多様な世代・世帯の混住を想定した多世代型コレクティブハウスと、プレ高齢期から後期高齢期までの居住を想定した「人生の後半生のための住まい」と称されるシニア型コレクティブハウスとがある（②）。この住まい方の特徴は、多くの共用空間（コモンスペース）を有し、平日の夕食を中心とした家事労働の分担やその維持管理を住民自らが行っていくことである。

共用空間の構成は住宅によってさまざまであるが、中心となるのは、コモンキッチン、コモンダイニング、コモンリビングの三つの空間である。それに加え、趣味のための部屋、ホームオフィス、ライブラリー、工作室、運動室、音楽室などが用意されている。多世代型コレクティブハウス（③）では、例えばトレ・ポーター（Tre Porter）のように幼い子どもの遊び空間（④）や、ティーンエイジャーのためのサロン的な空間（⑤）が用意されている。そして、住宅の管理運営は、クッキングチームに加えて、共用部分の清掃チーム、新規住民選考チームや読書チーム、フリーマーケットチームなどさまざまな組織が構成され、運営を担っている。こうした空間の利用や管理を通じて集合住宅コミュニティの絆が強く築かれているのである。

筆者は2016年ストックホルムのシニア型コレ

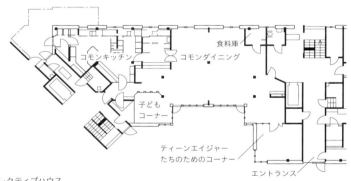

③多世代型コレクティブハウス、
トレ・ポーター共用部平面図

④多世代型コレクティヴハウス、トレ・ポーターのコモンダイニング横の子どもコーナー。食事中の親の横で見守れながら幼い子ども達が遊べる

⑤ティーンエイジャーのためのコーナー。親たちの視線が届かない場所に配される。内装は子供たち自身で設えたエネルギッシュなピンク色

クティブハウス4住宅において、住民が重介護期や終末期に陥った場合の支え合いの状況について調査を実施した。対象となる住宅は写真②のソッケンスティッゲンに加えて、シニア型の第1号フェールドクネッペン（Färdknäppen）、フューファルテン（Sjöfarten）、ダンデリーバッケン（Dunderbacke）である（⑥〜⑧）。この中で最新のダンデリーバッケンを除いた三つの住宅において、身体障害や認知症を患った住民への支援や、終末期の看取りの実績が存在していた。自宅で介護および医療サービスを受けながら同じ住宅に暮らす仲間の支援を得て、コレクティブハウスを終の住処とした事例が確認されたのである。認知症の場合は、徘徊の症状の悪化や火の不始末の問題などが顕著となった場合には、親族との協議の上グループホームへの転居が勧められる。しかしそれ以外の身体症状であれば、最期まで住み続けることは可能であると多くの住民が指摘していた。

コレクティブハウスの自主運営と交流のしくみは住民同士の絆を強化し、最期まで住み続けるための支援を実現させる。こうした人と人との結び付きを強める上で、豊かなコモンスペースは必要不可欠なものである。（水村容子）

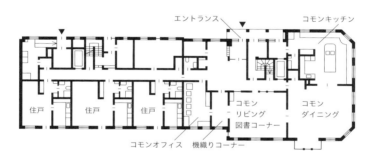

⑥シニア型コレクティブハウス、フェールドクネッペン共用部平面図

⑦フューファルテンの共用リビング・ダイニング。中庭に面した明るく美しい空間である

⑧ダンデリーバッケンの共用リビング。平日の午後でも読書や、お茶を飲みながら佇む住民が見受けられる

1-7
SWEDEN

病棟と在宅で展開される緩和ケア
安心して最期を迎える看取りのしくみ

エルシュタ病院の祈りの間。入院患者が亡くなると燭台に追悼の炎が灯される

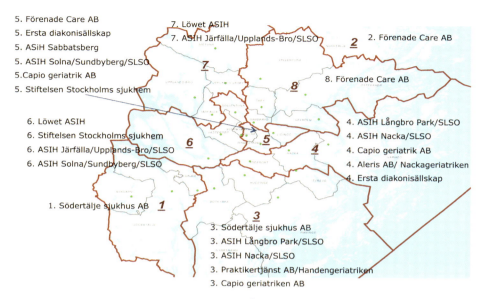

緩和ケアとは

　緩和ケアとは、生命を脅かす病に直面している患者やその家族の身体および心に生じる痛みを取り除くケアを意味するものである。厳密には終末期医療とは異なるものであるが、「終末期の対応」に含まれることが多い。スウェーデンにおいては医療の供給は広域自治体であるランスティングが責務を担っており、緩和ケアもランスティング単位で供給計画が定められている。またその内容は、緩和ケア病棟で展開されるものと、在宅で展開されるものによって構成される。ストックホルムランスティングでは、緩和ケア病棟をもつ病院は6か所であるのに対し、在宅緩和ケアユニットをもつ病院は①のとおり25か所存在しており、それぞれの医療圏ごとに設置されている。2012年のストックホルムのランスティングでの死亡者の死亡場所のデータによると、高齢者住宅が最も高く

①ストックホルムランスティングの在宅緩和ケアユニット設置状況。自治体内に八つの医療圏を設定し、それぞれの医療圏ごとに在宅緩和ケアを提供する医療機関の分散状況を示したもの。訪問医療に関してもこのような医療圏が設定されている

②エルシュタ病院外観。ストックホルムのセーデルマルム地区にある歴史ある私立病院。先進的な緩和ケアを提供する病院として知られている。緩和ケア病棟は周辺に住宅が建ち並ぶ普通の市街地にある

049　　　　住まいのしくみと環境デザイン

45％、次に病院が38％であるが、緩和ケア病棟および在宅緩和ケアサービス利用者も15％に戻っており、年々そのサービスの必要性が増している。

エルシュタ病院による緩和ケア提供

エルシュタ（Ersta）病院は、ストックホルム中心市街地の南部セーデルマルム地区にある1851年に設立された歴史ある市立病院である。古くから質の高い緩和ケアを提供する病院として知られており、2010年には北欧初の子どもを対象とした緩和ケア病棟を開設している。この病院は緩和ケア病棟と在宅緩和ケアユニット（略称ASIH）の両部門を有しており、連携を取りながら患者の最期の時間を支えている。病棟部門のスタッフは、医師2名、看護師25名、看護研修生24名、ソーシャルワーカー2名、理学療法士（ASIHユニットと兼任）1名、作業療法士（専任と兼任）2名で構成され、在宅部門のスタッフは、医師4名、看護師20〜24名、理学療法士1名、作業療法士2名、心理カウンセラー1名で構成される。病棟の病床数は20室で平均在院日数は3週間程度、在宅部門には常時75〜80名の患者登録がある。子世帯との同居がほとんどないスウェーデン社会では、がん患者の多くは単身高齢者であり、自宅での居住継続を望みつつも、痛みの症状が強い場合や、孤独感や恐怖心が増幅している場合には、病棟への入院が適切であり、両部門をもつこの病院では、患者の症状の応じた病棟と在宅の住み分けも行われている。

緩和ケア病棟の病室は全室個室が用意されており（⑧）、それに加え患者や家族が利用で

③病棟のコモンダイニング。家庭的な雰囲気を重視しており、美しく設えられている

④病棟のコモンリビング。一般家庭と同じようにテレビやソファ・書棚が置かれている。時折患者が佇む姿を見る

⑤家族が休息を取れる個室も用意されている。この病院では家族へのサポートも重視している

きる家庭的な雰囲気のコモンダイニング(③)やコモンリビング(④)、患者の家族がくつろげる個室(⑤)や居場所(⑥)、祈りの空間が用意されている。リビングやダイニング空間では、時折アートセラピーや患者同士によるピアカウンセリング機能を期待したカフェタイムなどが催されている。

　在宅の患者に対しては、医療・看護ケアの提供に加えて、療養に適した住環境整備サービスも提供される。ASIHチームでは、主として作業療法士(⑦)がその役割を担っている。エルシュタ病院の作業療法士によると、実施頻度が高い自宅の環境整備項目としては、浴室からのバスタブ除去やシャワーの新設、集合住宅共用玄関および専用住居扉への自動開閉装置の設置、スロープ設置、室内の段差解消、手すり設置、トイレの補助手すりの設置などがあるという。

　病棟から在宅での医療・看護サービスから住環境整備まで幅広いサービス提供により、終末期の生活を支えるしくみである。

（水村容子）

⑥廊下など要所要所に家族がくつろぐための場所が用意されている

⑦作業療法士のCさん

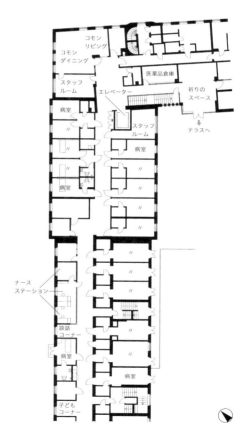

⑧エルシュタ病院緩和ケア病棟平面図
病室はすべて個室である。患者は家庭事情や症状に応じて在宅と病棟の両方で緩和ケアを受ける

1-8 SWEDEN DENMARK
使いやすさが環境配慮につながる 自転車のためのまちづくり

夕方の帰宅ラッシュ（マルメ）。真冬でもみんな自転車に乗る。流行のカーゴバイクに子どもを乗せる人も多い

　デンマークのコペンハーゲンは、自転車にやさしい都市として世界的に知られているが、エーレスンド海峡を挟んだスウェーデン南端のスコーネ県マルメ（スウェーデン第三の都市）や近郊の大学町ルンドも自転車のための環境整備が充実している。もともとこの地域では自転車が広く利用され、これらの市も自転車のまちとしての文化があったが、モータリゼーションの波により一時は下火となった。しかし近年になってCO_2削減や脱自動車依存のまちづくりの観点から再び自転車が注目され、利用促進施策が積極的に採られるようになった。今では自転車は主要な交通手段の一つである。

　ここでは、この3市で行われている自転車のためのハード・ソフト両面からの環境づくりを紹介する[1]。

自転車のためのインフラ

　自転車利用促進の代表的施策は言うまでもなく自転車道・レーンの整備である。市街地では歩道と車道の間に専用の自転車レーンを設け

る方式が定着しており、自転車レーンの拡幅が必要なほど通行量が増えている箇所もある（①②）。通行量の多い幹線ルートには、自転車道を快適に速く走るための仕掛けを集中的に施した、モデル路線として整備されたものもある。

目的地までできるだけ短距離、ノンストップで走れるようにすることは第一に重要である。コペンハーゲンでは、最近開通した自転車専用橋シッケルスランゲン（Cykelslangen）が話題となった（③）。これは空中を走る自転車専用道で、ショッピングモールやホテル、オフィスの間をエレガントな曲線で縫うように走る。シッケルスランゲンは、以前は運河を迂回してから高低差を上がらなければならなかった場所をショートカットし、市の中心部と対岸の再開発地区がスムーズにつながるようにした。似た例として、マルメでも郊外から中心部に向かう自転車道が直進して旧市街地に入れるように、濠を渡る新しい歩行者・自転車橋が架けられている。

コペンハーゲンでは一部のルートがグロン・ブルイェ（Grøn Bølge ― 緑の波）と名付けられた指定優先ルートとなっている（④）。このルートは時速20kmで走行していれば信号にかからないようになっている。従来は信号待ちが多く、平均時速約15kmだったのが約20kmまでスピードアップしたという[2]。マルメでは、接近する自転車を検知して優先的に緑にする信号機が使われている（⑤）。バス優先信号の例は多いが、同じしくみを自転車に対して使用しているのは珍しい。

いずれの市でも主要ルートには通行台数のカウンターも設けられている。カウンターは1日と年間で通算の通行台数を表示し、自転車利用者が多いことを可視化する役目も果たしている（⑥）。

アメニティにも力が入れられ、駅や広場、公共施設などでは駐輪場所の拡充が行われている。また、要所要所に空気ポンプが設置されており、出先でタイヤに空気を補給することができる。

①歩道・自転車レーン・バス停・車道の順に並ぶ

②自転車への注意を促すバス車内のサイン。ユーモラスなキャラクターが併走しているように見える仕掛け

③運河の上のシッケルスランゲン。橋を渡る二人の左手にはコペンハーゲン港が広がる

④自転車の優先ルート、グロン・ブルイェ（コペンハーゲン）。途切れることなく自転車が走り抜ける

住まいのしくみと環境デザイン

公共交通と自転車の連携

デンマークやスウェーデンのスコーネ県では列車に自転車を持ち込むことができる。最近では車両の中の、自転車・ベビーカー・車椅子のためのフレックスゾーンが拡大・充実してきている（⑦）。コペンハーゲンの通勤電車では2010年から自転車の持込み運賃を無料にした結果、2割の利用者増があった[3]。

マルメでは、2010年に開業した新駅ヒリエ（Hyllie）が自転車・自家用車から公共交通への乗換え拠点に位置付けられている。ヒリエ駅にはパーク・アンド・ライドのための立体駐車場が整備され、1階が大規模駐輪場となっている。アメニティとサポートの充実が特徴で、自転車で駅まで来た人がヘルメットやウェアを入れておけるコインロッカーに加え、シャワーとラウンジが設けられている。さらに、整備もできるサイクルショップが併設されている（⑧）。

脱自家用車依存のまちづくり政策

自治体の政策にモビリティ・マネジメント（Mobility Management、以下MM）とよばれ

⑤自転車を検知して優先的に通行させる信号（マルメ）

⑥通行量カウンター（コペンハーゲン）。上の数字はその日の台数、下は年間累計。この日は午前8時に3000台を超えており、夜には14100台に達した

⑦自転車を載せる通勤電車。フレックスゾーンは自転車、ベビーカー、車椅子のために設けてある

るアプローチがある。これは、移動手段選択が望ましい方向に変化するように促す一連の取り組みを指し、利用者自身の選択によって需要がシフトするようにハード的・ソフト的施策を組み合わせる点が特徴である。実際には自家用車使用を減らし、公共交通や徒歩・自転車が主となるように交通需要を転換する目的で行われることがほとんどである。

コペンハーゲンは持続可能な交通システムを目指す包括的な都市交通計画をもっており、マルメ、ルンドにはMM専門の担当部局がある。こうした計画・部局が公共交通インフラ整備という大規模なハード的施策から、自転車通勤・通学キャンペーンのようなソフト的施策まで横断的・包括的に企画する。自転車はもはや補助的な手段ではなく、主要な移動手段の一つとして扱われており、公共交通と組み合わせてストレスなく移動できるように考えられている。

コペンハーゲンでは市中心部と郊外を結ぶ、専用信号機、サービスステーションなどを備えたスーパーサイクルハイウェイ（Super Cycle Highway）ネットワークの整備が始まり[4]、スウェーデンのマルメ・ルンド間も同じような高速自転車道で結ぶ構想がある。都市計画スケールでも自転車は交通インフラの一つとなっているのである。

脱自家用車依存のまちづくりは、交通渋滞の緩和や街路空間の魅力の向上に結びつき、CO_2排出量の削減にもなる。しかし、一般の市民に「環境にやさしい」との意識だけで自転車に切り替えてもらうのは難しい。MMの基本的な姿勢は、普通の市民が自転車を選択するようにすることであり、そのためには自転車での移動が安全、快適、便利なようにしなければならない（⑨）。

ある場所から目的地への移動回数のうち、どのくらいが自転車によるかを調べると、コペンハーゲンでは市内移動の45％、郊外から中心部への出入りを含めると30％が自転車である[5]。ルンドでは市中心部で43％、マルメでも23％の移動が自転車による[1]。このような高い数値は、環境整備とサービスによって支えられているのである。コペンハーゲン市の調査によれば、自転車通勤・通学する理由として54％が「簡便で速いから」を挙げ、環境にやさしいからと答えたのは1％にすぎない[6]。使いやすいことが結局は環境にやさしい行動を促進するのである。（伊藤俊介）

＊文中肩付きカッコは参考文献（巻末参照）

⑧駅直結の駐輪場に併設されたサイクルショップ（マルメ市内ヒリエ駅）。「コペンハーゲン市内には駅のホームにショップがあるところも

⑨子どものうちから自転車は移動手段。練習のためにこうして学校・保育園に向かうのもよく見かける。こうして大きくなっても自転車が当たり前の乗り物になる

ドーム型住宅と風車が見える、まだ住宅の少ないころ（2000年）

1-9 DENMARK
エコビレッジ―環境負荷低減のライフスタイルを目指すコミュニティ

　エコビレッジとは、現代社会のライフスタイルを見直し、より持続可能な生活を目指して実践するコミュニティである。デンマークには今日、50か所を超えるエコビレッジがあり、人口当たりの数は世界最多と言われる。コペンハーゲンから北西に60km離れた、シェラン半島北部にあるデュッセキレ・エコビレッジ（Økosamfundet Dyssekilde）はデンマークで最初のエコビレッジである[1]。

セルフビルドの村

　1982年に村をつくる構想が立てられ、1987年に土地を取得、1990年代に入って建設が始まった。最初は15人の住民から始まったエコビレッジであるが、現在は180人ほどが住み、宅地もあと1区画しか残っていない。
　デュッセキレの敷地は14ha（東京ドーム3個に相当）あり、宅地と農地が半々である。住宅はセルフビルドで建てられ、それぞれが創意工夫を凝らしたものとなっている。パッシブソーラーや高断熱による省エネルギーだけでなく、自然素材や廃材を使用して材料の面からも環境負荷を減らす取組みをしている。例えば、断熱材に藁や縫製工場から出る廃材の麻を使ったり、砂利の代わりにムール貝の殻を敷き詰めたり、コンクリートではなく粘土を使ったりという具合である。セルフビルドとはいえ、プロの大工の助力と指導も得ており、建物はすべて法的基準を満たしている（①②）。

　住宅内ではコンポストトイレが使われ、生活排水は住宅地の外れにある自然浄化プラントで処理される。敷地内には風力発電の風車も建つ。さまざまな物がリユースされ、消費の少ない生活が目指されている（③〜⑥）。
　職住接近も理念の一つであり、住民のほとんどが近隣で働くか、ホームオフィスをかまえて在宅勤務している。少数ではあるがコペンハーゲンに通勤している人もいる。住宅以外の施設では集会所、クリニック、商店、ベーカリーとカフェがあり、農家をコンバージョンした私立の学校も設立されている。

エコビレッジの位置付けと実績

　エコビレッジは、住民参加と自治、民主的な

意思決定、施設や生活の一部共同化など、コレクティブハウジング（コ・ハウジング）と共通の特徴を備えることから、その一形態と捉える見方もある[2]。また、エコビレッジの草の根エコ建築は、近代的省エネ建築や、環境配慮をブランドとするマーケット訴求型エコ建築などと並び、環境にやさしい建築の一つとして地位を確立している（⑦）[3]。

過去に行われた調査では、デュッセキレは含まないものの、先導的エコビレッジ3か所の一人当たりCO_2排出量は全国平均の4割であった[4]。また、移動手段選択に関して、日常生活での移動の回数のうち自動車の占める割合が2001年にデンマーク全国では60％だったのに対して、デュッセキレでは19％だった。自家用車の保有率も5.1人に1台で、周辺地域の平均2.6人に1台と比べて大幅に少ない[5]。水道の使用料、家庭ごみの排出量も全国平均の半分で[6]、先進例としての役割を果たしていると言える。

エコビレッジに暮らす

実際にここで10年間暮らしたヤコブさんに話を聞くことができた。彼はもともとコペンハーゲンに住んでいたが、田舎暮らしへのあこがれがあった。そこに偶然、デュッセキレの入居者募集を目にして、妻と子ども二人の家族で移り住むことにしたのである（⑧）。

①建設中の住宅（2000年）。上棟の祝いをしたところで、屋根には飾りが付けられている

②色とりどりの郵便受け。あらゆるところに手づくり感がある

③リユース小屋。不要品を持ち寄って集めており、必要なものは持って行ってよい。子育て世帯にとっては、服がどんどん小さくなるので便利である

④生活排水の自然浄化ゾーン。ヨーロッパ最大級である。何段階かの濾過池を通過し、最後は湿地に植えられた柳が有機物を吸収する。左はポンプ小屋

コ・ハウジングの特徴の一つにコモンミール（共食）がある。当番制で調理し、住民が集まってみんなで食事をするスタイルである。デュッセキレでもコモンミールが初期には行われていたが、次第に時間帯や食事の志向の調整が煩雑になり行われなくなった。しかし折に触れて復活するようで、ヤコブさんが住んでからは3回ほどコモンミールが行われていた時期があった。だれかの主導で始まったり自然消滅したりするというふうに、活動やイベントはだれかがイニシアチブをとれば実現するが、固定的なしくみにはしないという、ゆるやかな運営が行われている。

ヤコブさんが住んでみて、住民が総じて環境に対する意識が高く、お互いに刺激を与え合っていることが新鮮だったという。だが、住民の間に温度差がある場合もある。エコビレッジの理念をそこまで真剣に捉えずに不動産情報を見てやって来る住民が、ここでの生活を窮屈に感じることもある。例えば、以前は世帯ごとの水道使用量が公開されており、熱心な何軒かは競って節約していた。また、住民総会での自治と委員会で分担した運営が行われているが、細かい点に関してとくに分担を決めず、「その時にできる人ができることをする」という暗黙のしくみで成り立っている。

そうした雰囲気が負担になって出て行く人も時にはいる。とはいえ、ヤコブさんによればここは多くの住民が納得できるバランスを取ろうとしており、ほかのエコビレッジと比べて個人のライフスタイルにも寛容だということである。

社会との連続性

エコビレッジは基本的には都市生活者のオルタナティブなライフスタイルであると言える。ヤコブさんがエコビレッジを選んだ理由の一つも、「いきなり昔から続いている農村に住むのには不安があった」ことである。一般にエコビレッジ住民は高等教育を受けた中流階層が主流で、子育て中のカップルとひとり親が多い[2]。インターネットを活用した自営業者も多く、地元自治体はこうした新しい若い住民層が入ってくることが地域の刺激になると考えて歓迎している[7]。

デュッセキレで住宅が空くと、一般の不動産情報に出る。口コミや人づてに限定せず、ごく普通に住まいの選択肢となっているのである。また、新しい住民が入りやすくするために、早い時期から賃貸住宅も設けている。

立上げ時から住むエコビレッジの中心的メンバーの説明では、これは「社会的サステイナビリティ」を意識したものである。パイオニア的な取組みは熱意のある人々が主導することで実

⑤建設資材をまとめて置いてある一角

⑥冬の牧草地

現し、彼らが牽引しなければ成立しない。しかし、高いレベルを全員に要求すると、次第にコミュニティが排他的となって新しい人が入って来にくくなり、持続しない。それを防ぐために、土地・住宅を買ってエコビレッジに飛び込む前に試しに暮らしてみることができるようにしているのである。

また、デュッセキレは閉じたコミュニティとはなっていない。エコビレッジの学校には周辺地域から通ってくる子どももいるし、エコビレッジから近隣の公立学校に通う子どももいる。風力発電は組合を設立して所有しているが、組合員にはエコビレッジと周辺地域の住民が混じる。農地は共同耕作してはおらず住民がそれぞれ借りており、食糧は自給できているわけではない。電力に関しても、戸数が増えたこともあり自給には至っていない。

つまり、理念である自給自足や環境負荷の低減を徹底して追求することもできるが、このエコビレッジはそこを少々妥協しても門戸を広げ、閉じたコミュニティにしないことを優先していると言える。それゆえ成長し、持続できていると考えられる。「多くの人がエコビレッジを選ぶわけではないけれど、今では普通の選択肢の一つになっている。少なくとも都市部ではもう驚かれない」とヤコブさんは言う。エコビレッジがデンマークで広がっているのは、環境への関心が全般に高いことに加えて、コ・ハウジングの伝統があったからでもある。さらに、このように先進例が一般社会と地続きになっていることも要因ではないだろうか。（伊藤俊介）

*文中肩付きカッコは参考文献（巻末参照）

⑦建物形状はさまざまだが、多くは南面して大きなガラスを設けたパッシブソーラーハウスである。初めのうちは奇抜さを競うかのような形状が多かったが、後発のものは次第に普通の形になってきた

⑧ヤコブさん（左）が夫婦でセルフビルドで建てた住宅。右は一緒に村を案内してくれた私立学校の校長、ピアさん

1-10
SWEDEN

ストックホルムにおける住宅地格差の出現と再生に向けた試み

テンスタの街の集合住宅の外壁。多くの移民が訪れている中東やアフリカを中心としてさまざまな国旗が描かれている。この建物の一部は移民女性の支援センターとして活用される

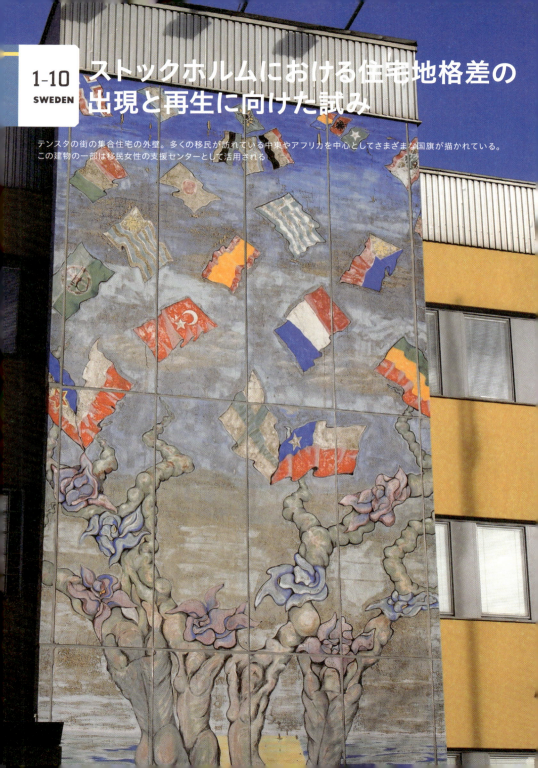

住宅地格差出現の要因

　戦後、すべての人に良質な住宅を供給することを福祉施策と連動し展開してきたスウェーデン社会であるが、近年大都市部を中心に住宅地格差の状況が生じている。経済政策の新自由主義への傾倒、EUへの加盟、都市部への人口集中政策、移民の受入れなどの諸要因が絡まり合い、首都ストックホルムはかつてないほど分断されたまちになっているという指摘もある。高所得化しているエリアは、主に中心部のエステルマルム、セーデルマルム、バーサスタンの3地区とその周辺に新たに開発されている新興住宅地であり、低所得化しているエリアは、1960～70年代に都市化が進んだ時期に開発された地下鉄の延伸上にあるファルシュタ（Farsta）地区やヤルバフェルテット（Järrafältet）地区である。さらに、低所得化した地域はファルシュタのようなスウェーデン人の低所得階層・高齢者が主に暮らすまちと、ヤルバフェルテットのように、多くの移民が暮らすまちとに大別される（①〜③）。

住宅地格差の生活への影響

　スウェーデンでは、住宅地格差は2000年代以前、すなわち、1960～70年代の都市化の時代に出現していると考えられていた。1980年に刊行されたウプサラ大学教授ターナー（Turner）の著書によると、大規模な住宅地開発に伴い、住宅の所有形態や建て方により住民の所得階層に格差が生じていた（④）。こうした指摘を受け、その後国内の住宅地開発では、異なった所有形態・建て方を混在させた計画が進められた。しかしながら1990年代以降、上

①ストックホルム市内の行政区。中心部と郊外とで格差が進む

②（写真上）は1940年代に開発された南部ファルシュタ地区、③（写真下）は1990年代に開発されたセーデルマルム地区のハンマルビィヒュースタッド地区。地下鉄で20分の距離であるが、住民の所得格差が大きくなっている

⑤ヒューシャレンゲンのコンストホール C。洗濯棟をコンバージョンし、アートスペースを設置

述の理由により、再度住宅地格差は進行していった。そのような状況に対して、ストックホルム大学のリリェ（Lilje）は、中心市街に高齢者世帯が暮らせなくなっていること、そして、それぞれの住宅地において人々が交流するコミュニティスペースが姿を消していることが問題であると、その著書の中で指摘している。かつてストックホルムは、家族規模が最も大きい子育て中の世帯が郊外住宅地に暮らし、高齢者は利便性の高い中心市街地に暮らす都市であったが、今やライフステージ応じた住替えが困難な、所得により隔絶された都市へと姿を変えてしまったのである。

アーティストらによる地域愛と
まちの再生に向けた取組み

このような状況に対して、低所得階層が多く

④ストックホルムの住宅地格差について論じた研究書、左は1980年ウプサラ大学のターナーによる『住宅地格差』、右は2011年ストックホルム大学のリリェによる『格差が進行する都市』

⑥コンストホール C の展示スペース。多くの市民が展示や映画の上映時に訪れ、愛着復活の中心的な役割を果たしている

暮らす住宅地において再生の取組みが進められている。

南部のファルシュタ地区のまちヒューシャレンゲンは戦前の1940年代に開発された住宅地である。年数は経ているものの良質な階段室型の低層住宅が並ぶ地域であるが、住民の高齢化・低所得化が進み、住民が自ら暮らすまちへの誇りや愛着を失いかけていた。そのような時、アーティストのハルセルベリィ（Hasselbery）の発案により、老朽化した洗濯棟をアートセンターとして再生する計画が実現した。コンストホールC（Konthall C）と名付けられたセンターでは定期的な催し物が開催されると同時に、住民のための常設コーナーが設けられた（⑤⑥）。多くの住民がまちの暮らしの写真などを持ちより展示を行ったところ、好評を博し地域への愛着復活のきっかけとなっている。

一方、移民が多く暮らすヤルバフェルテット地区のまち、テンスタでもさまざまな試みが展開している（⑦〜⑨）。王立工科大学との協働により、地元の高校ロス・テンスタ高校の中に建築学校が開設された。地域の子どもや高校生へ建築教育を通じて就労支援を行うことを目的としたものである。この地域では住宅の老朽化が進み、リノベーション事業が展開している。その際、移民の中から職員を雇用することで、各世帯のリノベーションに対するニーズを掘り起こし、とくに、経済的負担に対して不満のない再生事業展開が講じられている。この対策は失業率の高い移民の雇用施策にも通じるものである。また、地域住民の住宅地への愛着喚起のため、住宅の1室を60年代の暮らしが体感できる文化施設へ転用する試みも行われている。

こうした試みは格差を悲しむストックホルム市民から高く評価されている。平等な都市の再現が待たれる。（水村容子）

⑧ロス・テンスタ高校内に設けられた、王立工科大学の建築学校の入り口。多くの移民の子弟が暮らすこの地域では、スウェーデン語が習得できない若者が多く暮らし、若者の失業問題が深刻であり、その対策として開校された。この学校の修了した若者の多くが進学・就職を実現させている

⑦移民がリノベーションの相談員として雇用され、住民の要望に対応している。雇用対策になると同時に、同じ立場の移民が相談に乗ることによって貴重な情報が寄せられる

⑨テンスタの集合住宅の1住戸。団地の歴史や文化を保存・継承するために空住戸の1室をストックホルム市立博物館分館として展示空間として活用。1960年代、ストックホルムにおいて経済成長と都市化が進み、郊外集合団地が開発された時代の住宅・生活の様子を再現している

1-11 SWEDEN
ミリオンプログラム時代の団地再生
量産への模索と現在の生活への適応

ノルシェーピン構造システム社（AB Norrköping byggelement's system）の工法により建設された集合住宅団地ナブスタ（Navestad）の建設時の様子

ミリオンプログラム時代の住宅量産システム

　第二次世界大戦において中立を保ち参戦しなかったスウェーデンは、戦後ヨーロッパ特需に沸き経済的に急成長を遂げていく。人口は都市部に流入し、ストックホルム・ヨーテボリ・マルメの三大都市圏および地方中核都市では深刻な住宅不足に直面した。問題解決を図るべく、国は1965〜75年の10年間、国内に100万戸の住宅を建設する計画「ミリオンプログラム（Miljonprogrammet）」を策定し実際の建設事業に着手していく。この時代に供給された住宅は、1/3は戸建て住宅、1/3は3階建て以下の集合住宅、1/3は4階建て以上の高層集合住宅という割合であった。このわずか10年間に建設された住宅は現在なお、スウェーデンの住宅ストック全体の1/4を占めている。

　100万戸建設の実現にあたり、建設方法およびその過程は政治主導のもと厳密に規制され進められた。量産を達成するため、建設過程のシステム化・標準化・産業化が検討され

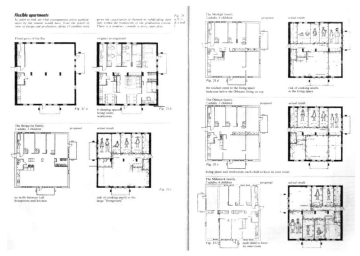

①オルソン・スコーネ S66 システムに見受けられる間取りの柔軟性

② A コンクリートシステムによる建設された集合住宅の平面の多様性

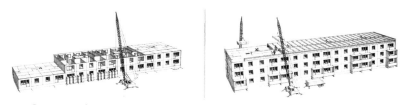

③ノルシェーピン構造システム社の工法による建設過程

た。この時代を代表するプレハブ工法の一つにオルソン・スコーネS66システム(Ohlsson & Skarne's S66 structual system) がある(①)。この工法は、計画から設計・施工過程において合理的かつ同一価格で大規模住戸を供給できることを目指して開発されたシステムであった。外壁と内部の柱を除いた間仕切り壁や壁面収納はすべて可動式であり、核家族のあらゆるファミリーステージに応じた平面が供給できるものでもあった。

また、デンマークの工法に倣った別のシステム、Aコンクリートシステム(A-betong)(②)が1964年に登場した。この工法は3Mモジュール(300mmの構造グリッド)によって構成されるものであり、2,541戸建設された。Aコンクリートシステムにおいて工場で生産された床スラブは、この時代のライフスタイルに適した住空間を提供するものであり、大規模な住戸を二つの小さな住戸に変更することも容易に実現できるものであった。

その後、ノルシェーピンのナブスタ地区に2300戸の住宅開発が計画された際、建築家エリック・アーリン(Eric Ahlin)と構造家アーネ・ヨンセン(Arne Johonson)、そして発注者のノルシェーピン構造システム社は、より合理化したプレハブ工法(③)を開発した。3Mモジュールを基本としながら、建築部材を74の要素で構成する方法を採用した。この工法の開発によって、建設現場における労働者数は減少した。このノルシェーピンで開発された工法システムによって建設された集合住宅は、オルソン・スコーネS66システムやAコンクリートシステムに見受けられるような、平面の柔軟性や可変性は備えていなかった。このシステムの本質的な強みとは、ほとんどの躯体が事前の工場生産によりなされているところにあった。

現代のライフスタイルへの適用

ミリオンプログラムの時代、都市部の人口増および核家族世帯の増加に応じて前述のような住宅の大量生産手法が確立してきたが、家族や世帯構成が多様化した今日において、こうした住宅はどのように再生されるべきなのだろう?

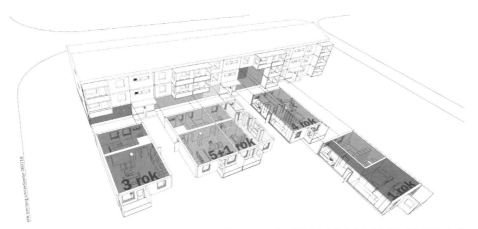

④ストックホルム・テンスタ地区においてオルソン・スコーネS66システムで建設された集合住宅の改築におけるコンセプト。住戸間の壁の位置を変更することにより多様な平面をもつ住戸を創出している

1965〜75年の10年間に高い水準で標準化・モジュール化・工業化が図られた住宅は、現在のライフスタイルに適した住空間を十分に提供できるのである。住戸間の境界や住戸内の間取りの変更は容易に達成され、それにより、それぞれの世帯の個別ニーズに応じた住空間が創出できる（④⑤⑥）。スウェーデンの戦後期の集合住宅における工法は、現代の住要求をも満たす空間の実現に今なお貢献している。

（Erik Stenberg、訳/水村容子）

⑤筆者によって2住戸の改築がなされた事例。上図が改修前平面、下図が改修後平面。多子世帯のための住戸（薄いグレーの部分）と小規模世帯の住戸（濃いグレーの部分）へ再編されている

⑥筆者によって改築されたテンスタ地区の住戸。この事例では床スラブを抜くことによって上階とつなぎ、メゾネット住宅として再生している

住まいのしくみと環境デザイン

1-12 SWEDEN 安全をまもるバリアフリー
歩行者信号機

スウェーデンの歩行者用信号にはバリアフリーの配慮がなされている

スウェーデンでの暮らしと移動

スウェーデン、ルンドは人口10万人のうち、4万人がルンド大学の学生という大学街である。まちの中心地は4km圏内に入るため学生の多くの移動手段は自転車やバスである。スウェーデンではほかの北欧諸国と同様、自転車道が発達していて、市内のみならず、隣町まで連続する自転車道で安全に移動できる。

自転車専用道と交差点

　自動車の道路の脇に車道と完全に分離された自転車道および歩道が別々に整備されている（①）。自転車道は両側に各1方向の場合が多いが、場所が確保できない場合や道路との立体

交差などの時は、対面交通となる。また、複数車線の車道には、日本と同様に中央分離帯がある場合もある。このような交差点付近の横断歩道の構造は複雑になる。健常者にとっては、難なく渡れる横断歩道であっても、視覚に障害

①道路に沿った自転車専用道と歩道

068

がある歩行者の場合には注意が必要になる。

歩行者用信号機のバリアフリー

　このためスウェーデンの多くの歩行者信号機には、押しボタンの側面に視覚障害者のために横断歩道の状況を表す凹凸のついた触覚サインが設置されている。これに触れれば、その場所の横断歩道の状況が分かるというしくみである。例えば、②の信号機では、サインの下から上に読むため、矢印の現在地からスタートし手前に一車線、中央分離帯を越えて奥に（曲がるレーンを含んだ）2車線あるということが分かる。資料によると、一方向・双方向の自転車道やトラムの表示などもあるとのことである。

　スウェーデンの押しボタンはタッチパネル式で、ボタンを押した時に「ピッ」と音が鳴り反応する。信号を待つ間は「カチ、カチ、カチ、カチ」と1秒に1回程度の音が鳴り、信号が変わって渡れるようになると「カチカチカチカチ……」と短い間隔の音に変わって知らせるしくみである。視覚障害者に役立つとともに、健常者が横断歩道を渡る時にも、日常感覚にすりこまれているようである。

歩行者にやさしい旧市街地

　西洋のまちでは、旧市街地を保存し、その外に新しい市街地を作る計画とするところが多い。一般的に旧市街地は、道が狭くコンパクトにまとまっているため、人が歩くためには適した空間となる。石畳は車にはバリアになるが、歩行者には親しみを感じさせる（③）。ルンドは1600年代にスコーネ地域の主要な都市であったため、世界遺産の大聖堂とともに旧市街地が残り、歩きやすいまちなみを残している。

（佐野友紀）

②歩行者用信号押しボタンの側面にある道路表示触覚サイン

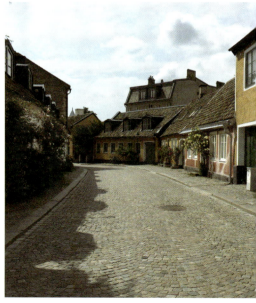

③旧市街地の歩行者が歩ける石畳

第2章

学びや仕事のしくみと環境デザイン

　北欧諸国は決して人口が多いとは言えない。その小国において、国の未来を支える人材育成のためには、「学びの環境」は重要な礎と言える。学びの環境と一言でいっても、その利用者は、幼児や生徒、障害のある者など属性はさまざまであり、そのためにしつらえられる環境も多岐にわたる。しかし共通するのは、属性に関係なく一人ひとりの存在が尊重され、各人の能力に応じた主体的な学びが展開されていることである。

　これは就労の場の整備にも通底し、個性、能力をもつ者同士が協働して社会をつくり合うという、人間の自然な営みが構築されている。

　本章では、北欧の保育園や学校、就労の場など、学びや仕事環境において、さまざまな属性の人々が活き活きと過ごせるためのしくみや環境デザインについて紹介する。

2-1 FINLAND
子どもの「日々の家」として計画された保育環境

フィンランドの保育園では、子どもの成長・発達のために、午前午後にそれぞれ屋外で遊ぶ時間をとることが一般的。園庭では保育士は広く散らばり、子どもたちの安全を見守る

午睡のあとの、みんなで集まっておやつを食べる時間。各テーブルに一人、保育士が座って子どもたちとおしゃべりしながらおやつを食べる

保育と教育が一体となったフィンランドの保育システム

　2017年現在、フィンランドは人口約540万人で日本の約1/25、国土面積は日本よりやや狭い34万km²である。共働きが一般的で、男女雇用機会均等法が導入されているフィンランドでは、1973年にチャイルドケア法が施行された（⑤）。それ以後、保育と教育は一体のものとして捉えられ、日本の保育園と幼稚園のような「保育と教育の分化」を排除してきた。チャイルドケア法が施行される以前、旧ソビエト連邦からの独立を期に1921年、義務教育法が施行され自治体が責任を負うことが明確化された。

保育園は社会全体で子どもを育てるための「日々の家」

　フィンランドでは、保育園をパイヴァコティ（Päiväkoti）とよぶ。「パイヴァ（Päivä）」はフィンランド語で「日々」、コティ（Koti）は「家」を意味し、「日々の家」と意訳できる。基本的には異年齢保育が行われ、大きくは1～3歳と3～5歳の2グループに分けられる。就学前児童である6歳児は、エシコウルとよばれる就学前学校に通う。フィンランドでは7歳より公教育を受けることになる。両親共働きが一般的なフィンランドでは、各保育園は通常、朝6時から開園、18時に閉園する。保育士の配属人数は

①パイヴァコティは、子どもと大人双方が気持ち良く過ごす場所。洗面所、キッチンも大人用と子ども用で高さが違う

②スリープルームのベッドは油圧式の収納型。女性にも簡単に引き出してセットできる

③ランチ前に屋外から興奮して戻ってきた子どもたちのクールダウンを兼ねて読み聞かせしている場面

④ランチの後は午睡の準備を兼ねて、薄暗く眠りやすい雰囲気のつくられた部屋で読み聞かせ

チャイルドケア法で規定されており、1〜3歳児16名に対して保育士4名（4：1）、3〜5歳児21名には3名（7：1）の保育士がつく。日本と比べて、子どもに対するスタッフの人数が多いのは、フィンランド社会の中で「社会全体で子どもたちを育てる」という考えが浸透していることの現れである。なお、各ホームエリアに配属される保育士のうち、1名は教育目的の活動を担当する教員である。

大人にも子どもにも居心地の良い空間「ホームエリア」

すべての園舎は、ホームエリアとよばれる「空間的まとまり」がいくつか通路・廊下のような動線空間に沿って合わさってできている（⑥〜⑧）。園舎は敷地に沿うように配置され、敷地内には必ず傾斜のある空間が用意され、子どもたちがひと目でわくわくするような園庭になっている。ホームエリアは、午睡や遊びを主機能とするスリープルーム、食事や学習、遊びを行うプレイルーム、数人で遊ぶためのグループルーム、トイレ、着替えや荷物置き場、廊下空間を兼ねたホール、屋外に直接通じる入り口の六つの空間から構成される。「ホーム」と名のつくとおり、子どもが自由にくつろぎながら過ごせる椅子や机、ソファやマットがふんだんに配置されている。同時にベッドが油圧式の収納型になっているなど、家具類は女性スタッフにも簡単に扱える。キッチンは、園児とスタッフの両者にとって使いやすいよう大人用と子ども用の2種を備えているなど、属性にかかわらない気持ちの良い環境が整えられている（①〜④）。（垣野義典）

⑤両親共働きの環境を支える7種の多様な保育環境

No.	種類	運営	対象	内容	保育時間	育児手当（自宅で子育てを行う資金）
1	公園おばさん	市営	歩ける〜就学前	天候無関係。外遊びのみ。1回2〜3時間	2時間	もらえる
2	ケルホ	市営、教会	3〜6歳	週数回、数時間、集団生活	4〜5時間	もらえる
3	ペルヘ	市営、私立	10か月〜就学前	保育者の自宅で。園児数は4人まで	4〜5時間	もらえる
4	リュイマ	市営	10か月〜就学前	数人の保育者、少人数（12名程度）グループ保育	4〜5時間	
5	パイヴァコティ	市営	10か月〜就学前	両親共働きの家庭を支える一般的な教育・保育施設	7時間以上	
6	私立のパイヴァコティ	私立	園の方針による	英語教育、特別教育など多様	園の方針による	
7	プレイグラウンド	市営	限定せず	ヘルシンキだけで70か所。大人も子どもも利用可能。午前中は子育て支援施設、午後からは学童保育を主たる運営目的としている	限定しないが、開園時間は9時〜17時	

チャイルドケア法に基づく保育環境は、大きく7種に類型される。「公園おばさん」は、市に雇用されたスタッフが市営の公園を利用して、週2〜3回程度子どもをあずかる形態をいう。「ケルホ」は、市営施設で週に数回、4〜5時間程度子どもを預かる形態である。ともに子どもを集団生活に慣れさせることを目的としている。また保護者は、子どもを家庭で育てる時間の費用にあてる目的で、一定額の育児手当を得ることができる。「ペルヘ」「リュイマ」「パイヴァ

コティ」「私立のパイヴァコティ」はそれぞれ、日本の保育園・幼稚園に類似した機能をもつが、スタッフや園児の人数、利用場所が異なる。ペルヘはスタッフの自宅で教育・保育を行い、園児数は4名のみである。リュイマは数人のスタッフが最大12名の園児を教育・保育する。プレイグラウンドは、いわゆる子育て支援、児童館、学童保育を合わせた機能をもつ。幼児をもつ親は、これら7種からそれぞれ自身の働き方や子育ての方針に沿って選択している

⑥ 先進的なパイヴァコティ建築 43例の類型は4種である。主動線空間が中央に集約されている「中央集約型」、主動線空間に回遊性のある「ロの字型」、主動線空間がほぼ一直線の「一文字型」、主動線空間がある箇所で90度折れ曲がる「L字型」である

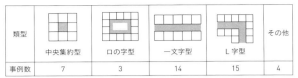

類型	中央集約型	ロの字型	一文字型	L字型	その他
事例数	7	3	14	15	4

□ 諸室　■ 園舎の主動線空間　総事例数＝43

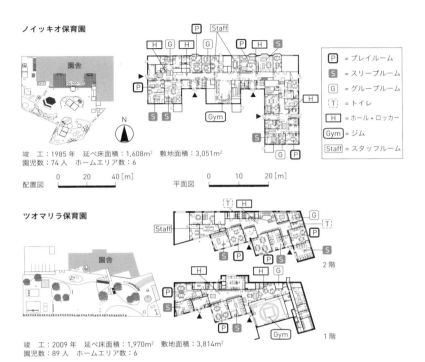

ノイッキオ保育園
竣工：1985年　延べ床面積：1,608m²　敷地面積：3,051m²
園児数：74人　ホームエリア数：6

P = プレイルーム
S = スリープルーム
G = グループルーム
T = トイレ
H = ホール＋ロッカー
Gym = ジム
Staff = スタッフルーム

ツオマリラ保育園
竣工：2009年　延べ床面積：1,970m²　敷地面積：3,814m²
園児数：89人　ホームエリア数：6

⑦ パイヴァコティの園舎平面図

⑧ ホームエリアの例（ノイッキオ保育園）
ホームエリアは6種の空間からなる
・午睡や遊びを主機能とするスリープルーム
・食事や学習、遊びを行うプレイルーム
・数人で遊ぶためのグループルーム
・トイレ
・着替えや荷物置き場、廊下空間を兼ねたホール
・屋外に直接通じる入り口

学びや仕事のしくみと環境デザイン

フィンランドの保育園では、園庭をランドスケープデザイナーが計画している。隆起した場所や花壇、遊具、砂やゴムチップを敷地全体にちりばめ、園児が敷地全体で楽しく遊ぶことができる

2-2 FINLAND
園児の躍動を生み出す自然と一体の保育環境

園舎内で子どもたちが絵を描いている様子。保育士が各子どもの発達段階を把握するために「お絵かきの時間」をとることもある。家具は木質の温かみのあるものが多い

フィンランドの保育園では
屋外も最大限に活用する

　デンマークで生まれた「森の幼稚園」が近年ドイツなどで注目されるなど、自然にあふれた屋外環境を活用した幼児の環境はヨーロッパ各地で見られる。あらためて注目される「森の幼稚園」だが、森林の多いフィンランドでは、元々幼児の環境として自然環境が活用されてきた。フィンランド人にとって森林は慣れ親しんだ環境であり、保育園でも園児たちを頻繁に近所の森へ連れ出し、思い切り遊ばせたり、ランチをとったりする（①）。自然環境が身近にあるフィンランドだからこそできる方法だろう。また、ホームエリアを代表する園舎計画の秀逸さと合わせて、園庭も園児にとって非常に魅力的だ。

　フィンランドの保育園では、まず一日のどこかのタイミングで必ず屋外に出る。これは、新鮮な空気が園児の成長に不可欠と考えられているためである。雨や雪が降っても、「悪天候だから屋外へ出ず園内で遊ぶ」とは考えない。悪天候には、悪天候にあわせた着替えをして外で遊ぶ（②）。

ランドスケープ化された園庭が
園児の躍動を誘発する

　園庭は、どの保育園でも断面的に凹凸の変化をもつ。これはフィンランドの冬が長く雪が多いためである。雪の多さを逆手にとり、冬には、傾斜のある園庭がソリをすべるなどゲレンデとして活用できるのだ（③）。

　園児はソリやスキーを使うことで、積雪を楽しむことができる。なお、土日には地域に開放された公園となり、地域の人々が自由に使うことができる（④）。同時にスタッフは、この高低差を利用して、一望できる場所から園児の様子を逐一チェックできる。魅力的なランドスケープが園児にとっても、安全を見守るスタッフに

①夏や冬も天候を問わず、一日の中で必ず一度は屋外へ。近所の森へも頻繁に出かける。フィンランド人にとって森は慣れ親しんだ環境

②雨や雪の日は、悪天候に合わせた着替えをして外で遊ぶのがフィンランド流である

③傾斜のあるパイヴァコティの園庭は、冬にゲレンデになる。冬が長く雪の多い国ならではの風景である

とっても有用に計画されている。なお、スタッフは子どもと直接かかわるのではなく、つねに一歩引いた所からくまなく屋外全体を見渡し園児の安全を見守る（⑤）。この点もフィンランドの保育の特徴だろう。

屋内外を巧みに使い分けた保育環境

このように、巧みに屋外空間を活用するフィンランドのパイヴァコティだが、同様に屋内の使い方も巧みだ。先にふれたように、ホームエリアは大小の部屋から構成される。そして一日の中で多人数から少人数まで自在にグループを編成し、各部屋を使い分ける。遊びたい内容によって、園児が空間を選べるバラエティを備えているのである（⑥〜⑧）。（垣野義典）

④日曜日に、園庭が地域の人々に使われている場面

⑤スタッフが、屋外全体を見渡し、子どもを見守る場面

⑥屋外へ出る前にホールで着替え

⑦4〜5人ずつ子どもを呼んで、保育士が絵を書かせる時間。子どもの発達レベルをチェックする目的で行われる。方法を教えるのではなく、あくまでも子ども一人ひとりの成長に合わせて育むことが大事

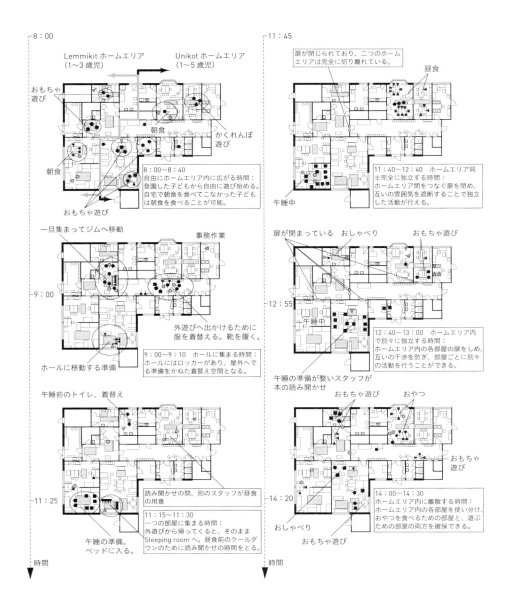

⑧一日の流れの中の園児の生活場面。ノイッキオ保育園の1〜3歳児が属するレミング組と3〜5歳児が属する花組の一日の生活の流れを見てみよう
□朝の自由時間　各パイヴァコティは朝6時半に開園し17時閉園する。登園した園児は、それぞれ自由に遊び始める。フィンランドは就業開始時間が7時と早く、7時前にパイヴァコティに預けられた園児の場合、登園直後に朝食を食べる。ちなみに、父母が迎えにくる時間は15時過ぎから始まる
□プログラム　園児は、午前中と昼食前に一度ずつ、ホームエリアの園児全員が集まって一緒に何かを行う時間が設けられている

079　　学びや仕事のしくみと環境デザイン

ストリートアートなどジャンルにとらわれないデザインを普通の暮らし・遊びの中に取り入れたデンマークのデザイン幼稚園。暮らしとデザインのかかわりを自然に身に付けさせるしつらい

2-3 DENMARK
子どもの好奇心と創造性を育むデザイン保育園

デザインのある保育園での生活。
暮らし・遊びをとおして
アートやデザインを身に付ける

　デンマーク、コリング (Kolding) の郊外にあるデザイン保育園 (Designbonehuset: CEBRA 設計) では、日々の暮らしや遊びの中で子どもの好奇心と創造性を育むため、アート、デザイン、建築のある生活を提供している。不定形な形をし、三角の突起屋根をもつ建物の内部では、プロのアーティストスタッフによるアート活動などを通した教育が行われている。1200㎡の空間はメインホールの周りに五つの塊の空間（ブロブ）をもち、二つのスタッフ空間を含むエリアと三つの子どものためのアートや遊びの特徴的なスペースがある (①)。建築家は内部空間の壁を、紙のロールをほどいたような形のイメージとしている。三角屋根の一面や曲面で切り取られた天井からは暖かい光が落ちる。

アートのある園内

　メインホールの吹抜けの曲面の壁には、建物竣工直後のアート活動によって描かれたアーティスト、フスク・ミット・ナヴン氏 (Huskmitnavn) によるストリートの落書きアート調のポップアートデザインが施されている (本頁写真下)。設計段階において、クライアント、アーキテクトとともに、アーティスト、園児をもつ両親が積極的に設計プロセスに参加して、アイデアを出したり、批判するなどして、園をつくり上げた。

①五つの空間（プロブ）をもつデザイン保育園

普通の暮らし・遊びとデザイン教育

　中央のホールにつながる三つの特徴的な場所として、それぞれ色・形・幾何学を教える部屋がある。各部屋の特徴がわかる手づくりの看板をくぐって中に入ると、それぞれ特徴のある部屋が広がっている。色の部屋では、窓の光を通してさまざまな色が感じられる作品をつくっていた（②）。形の部屋では、近所の人や親からもらったり、買ったりした、さまざまな素材の入ったボックスが用意され、そこから自分で好きなものを選び、作品をつくる。壁一面に近所のお店からもらったハガキ状のフライヤーをたくさん貼り付け、あたかも落書きアートのようにみんなで作品をつくっていた（③）。

北欧での光の取入れ方

　中央のメインホールは、局面で構成されるいくつかの吹抜けをもち、北欧のやさしい光を空から取り入れている。冬の北欧は数か月の間、

②色の部屋。アーティストスタッフが子どもたちと協力して窓を使った作品をつくる

一日のほとんどが夜である。一番明るい日中の2〜3時間も曇っている夕方という雰囲気で、気分が滅入る。このため、光がある春から夏にかけての時間はとても重要であり、窓から、空からと至る所から光を差し込ませるしくみを取り入れている（③④）。

北欧の暮らしとしつらい

　冬はマイナス10度を下回り、一日中夜のように暗い北欧では、春から夏の光がある季節はとても貴重である。このため、子どもたちは、雪や雨にかかわらず、明るい時間であれば、防寒着を着て外で普通に遊んでいる。このため、部屋に入る時の下足・着替えはとても大切になる。ホールには子ども一人ずつに上着と履物のボックスが用意され、寒い外から暖かい部屋の中へ移動する時に上着と靴を脱ぐ（⑤）。自分で長靴を脱げない子どもたちのために、自分たちでつくった靴を脱ぐ道具がいくつも用意されていた（⑥）。自分のものをアートに取り入れて自分でつくり、使うのはとても良い試みである。

　0〜1歳児の午睡のスペースは北欧ならではの特徴がある。彼らの教育の考え方は「死なないための訓練」であるという。寒い中で生きていくためであったり、危険から身を守るためであったりする。大きくなると服を着たままでの水泳も教えるとのことで、これらもすべて生きるため。厳しい環境をもつ北欧ならではと感心

③フライヤーを使ったポップアート

④ホールにみんなで

⑤一人ずつに用意された上着と履物のボックス

した。同様に、0〜1歳児はマイナス10度以上であれば、ベビーカーに乗せて屋外で午睡をさせるという習慣がある。もちろん、暖かい服を着せて風邪をひかないようにするが、顔は外に出たままであり、少し驚かされた。この園では屋外の午睡はないが、外気がそのまま入るひんやりとした午睡ルームと午睡ボックスが用意されていた（⑦）。

空間利用の工夫

動かせる北欧デザインの家具
中央のホールには動かせるパーティションと机と椅子のセットが配置されていて、レイアウトを変えて使っていた。一人で、自分のテリトリーとして、おもちゃで遊んでいる子どもも見られた（⑧）。

隠れ家のような空間
園内は開放的な場所が多いため、子どもが隠れることのできる隠れ家スペースも用意されており、とても人気のあるスポットであった。子どもたちはおもちゃを持ち込んで、秘密基地のようにしたり、道具を持ち込んでおままごとをしたりと、思い思いの使い方をしていた（⑨）。

（佐野友紀）

⑥自分たちでつくった靴脱ぎの道具

⑦外気の入る部屋の午睡ボックス

⑧移動できる北欧家具

⑨隠れ家空間で楽しむ

2-4 FINLAND
都市で暮らす親と子を支える居場所づくり

Leikkipuisto とは、児童館＋放課後クラブ＋都市公園＋子育て支援場所
＝どこにも無い子どもの居場所

上／フィンランドのレイッキプイストは、遊具やベンチ、プールをもっている。都市の中の公園としても魅力的で、午前中はベビーカーをおした母親たちが集まってくる。いわゆる子育て支援の場所としても心地良い場所である

左／昼過ぎになると、近所の三つの小学校から続々子どもたちがやってきて、放課後クラブの場所となる。子どもたちはおやつをもらって食べたり、宿題をしたり、自分たちの時間を過ごす

都市になくてはならない子どもの居場所

　ヘルシンキにはレイッキプイスト（Leikkipuisto）という子どもの居場所が70か所ある。レイッキ（Leikki）はフィンランド語で「遊び」、プイスト（puisto）は「公園」を意味し、英語ではプレイグラウンド（Playground）と訳される。レイッキプイストは魅力的な屋内外の空間を有するだけでなく、まちに溶け込み、子どもや子連れの親が利用しやすい環境として計画されている（①〜⑤）。

　午前中は基本的に乳幼児を連れた親子が多

①午前中は子育て支援が中心。子連れの母親がやってくる。母親同士の重要な情報交換の場にもなっている

②必ず赤ちゃん用バギー置き場がある。雪の多いフィンランドでは必須

③レイッキプイスト。リンヤ（Linja）の屋外における子どもたちの動線。敷地内は多種多様なマテリアルで構成され、そのまま子どもの動きやゾーニングと関連する。アスファルトは自転車や三輪車に乗りやすいので、自然と乗り物に乗った子どもの動線となる

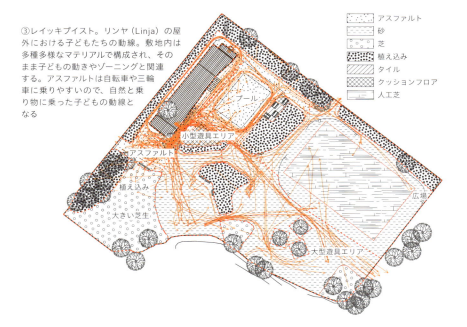

凡例：アスファルト／砂／芝／植え込み／タイル／クッションフロア／人工芝

④内部空間はまるで住宅のよう。だれもがくつろげる雰囲気づくりがなされている

⑤遊び道具は無料貸出し。レイッキプイストは手ぶらで来ても楽しめる

085　学びや仕事のしくみと環境デザイン

く、幼児と親向けの音遊びやマッサージなどのプログラムが行われる（①）。また保育園への入園を控えた子どもを預かり、集団生活に慣れるために親不在の中ほかの子どもたちと時間を過ごすといった企画も行われている。昼過ぎからは下校した子どもたちの放課後クラブの場所になる（⑦）。放課後クラブは登録制で、1か月に約3000円を支払うと、昼過ぎにおやつを食べることができる。おやつが終わると、おのおのの好きな場所で好きなことをする（⑧⑨）。スタッフがいろいろなイベントを盛り込むことも多い（⑩〜⑫）。

レイッキプイストはどのような空間でつくられるか

　内部はソファーコーナー、本棚、おもちゃのあるコーナー、工作コーナー、キッチンなどから構成される（⑥）。キッチンは一般の利用者に開放され、放課後クラブに属する子どもも毎日屋内で飲食をするので、キッチン回りはダイニング的な機能を備えている（④）。また、冬の厳しいフィンランドは真冬の外出時に服を重ね着するため、その服を置いたり着脱衣したりするための広いロッカースペースが必要となる。手ぶらで来ることができ、つねに見守ってくれる大人の存在がある中で安心して遊べる環境は、子どもや地域住民にとって何物にも代えがたい環境と言えよう。（垣野義典）

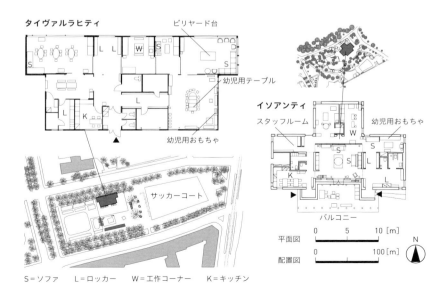

⑥ヘルシンキに70か所あるレイッキプイストは、敷地環境、規模、内部空間それぞれが異なる個性をもつ

⑦ 13:00　放課後クラブの時間。小学校が終わると、小学生たちが続々やってくる。やってきた子どもはスタッフに来たことを告げ、名簿にチェックした後おやつを食べる

⑧ 14:00　子どもたちは屋内外で自由に遊びまわる。イソアンティは中央にホールをもちブランコで遊ぶことができる

⑨ 各レイッキプイストは工作コーナーをもっている。机は何人もの子どもたちで囲むことができ、にぎやかな交流の場となる

⑩ タイヴァルラヒティでは、金曜日にみんなでDVD鑑賞を行う。各レイッキプイストは曜日で異なるアクティビティを行っており、子どもたちを飽きさせない工夫をしている

⑪ 6、7月の小学校が夏休みの時期は、地域住民に対して、レイッキプイストで無料のスープが毎日配られる。両親共働きの一般的なフィンランドにおいて、昼食を提供することで家庭の負荷を軽減している

⑫ 屋外ではイベントも多く行われ、子どもたちの放課後環境に変化を与え続けている

スウェーデンには、敷地の形になじませるように配置された学校建築が多く見られる。いくつかのクラスルームや大小の部屋で構成されるユニットを複数つなげることで、不思議な内外空間を生み出す手法は非常に特徴的である。写真は、バリングスナス基礎学校の登校風景。敷地の形にそってカラフルなユニットが並ぶ

2-5 SWEDEN
ワークユニット型学校建築は自然環境と一体に建つ

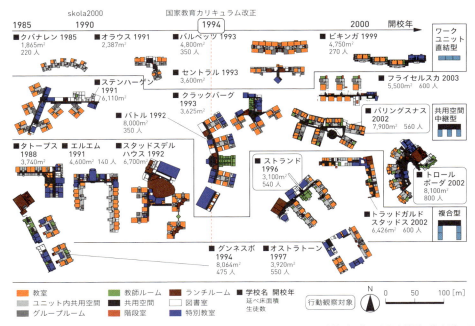

スウェーデンの先進的ユニット型学校建築の系譜。校舎の形は、ワークユニット直結型、共用空間中継型、複合型の3種類がある

スウェーデンの学校は
魅力的な自然と一体になっている

　学校は数百人という大人数が一定時間を過ごす環境である。その環境を小さなグループに分割することで、児童や生徒、教師間の交流を密にし、落ち着いて学習環境を整えることができる。この小さなグループに分けた空間（＝ユニット）をもつ学校建築は世界中で見られる。

　中でもスウェーデンの「ワークユニット型」学校建築は魅力的だ。例えば、敷地になじむようにワークユニットを凸凹に配置することで、子どもたちにとって魅力的な外部空間を生み出している。この凸凹空間は、ベンチや遊具、花壇などと一緒に計画され、子どもにほどよいスケールの中庭になっている。さらに、その凹凸空間の先にはホッケーコートや森などが連続して配置され、低学年の子どもたちが外に飛び出して自然環境を謳歌している（①）。日本の学校のように敷地を囲むフェンスはない。学校建築がそのまま自然環境と連続して一体になっている。なお、スウェーデンの義務教育は日本の小・中学校を一体化した「基礎学校」で行われる。

ワークユニットは
いくつもの「ルーム」でつくられる

　一つ一つのユニットは大小さまざまな大きさの部屋をもち、日本の学校との空間の違いが一目瞭然である。ワークユニットは教室（クラスルーム）をはじめとするいくつかの「ルーム」からつくられる。複数人で使用するグループルーム、多目的に使用するオールルーム、コート

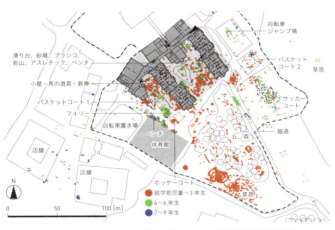

①ストランド基礎学校において、一日にどの学年の子どもが屋外のどこに居たか示している。主に低学年の子どもたちの活動範囲が外部空間全体に広がっていることがわかる。校舎は直方体のような矩形ではなく、凸凹していて、小さな中庭を沢山もっている。この凸凹した中庭には、それぞれ子どもの遊びのより所となるベンチや遊具が置かれている。中庭は、ホッケーコートや森と連続している

凹凸空間に配置されたベンチや植栽

や荷物を置くコートルームなどである（②）。半数の学校で、絵画や工作、料理が行えるワークルームをもっている。スウェーデンではこれらのルームを数人で集中できるよう扉を閉めて個室として使ったり、子どもたちを一つのルームに集めて一体感を高めて授業を行ったりする。

あらためて、名称に「ルーム」と名のつくものが多いことは注目に値する（③）。日本の学校建築は、「〜コーナー」から構成されることが多い。しかしスウェーデンの学校建築は「教室やその周りの空間は、コーナーではなくルームでつくる」という日本にない概念が組み込まれていることが分かるのである。

校舎内には魅力的な
空間がちりばめられている

就学前児童から中学3年生（9年生）までが通ってくるトロールボーダ（Trollboda）基礎学校は、3〜5年生は異学年でユニットを形成し、それぞれ1、2階に配置されている（④）。共用空間は1階にまとめて、出口は凹凸した中庭に面して計画されている。ユニット→校舎の共用空間→中庭→広々した屋外という順番で連続しており、子どもの身体にあった段階的な切り替えが

意図されている。

共用空間の家具はカフェ周辺に大きくまとめて配置されている。カフェにはカウンターがあり、生徒たちと雑談したりスナックを提供したりするスタッフが常駐している（⑤）。教師ではない、近所のお兄さん、お姉さん的存在のスタッフが子どもたちを見守ることで、共用空間に安心できる空気が生まれている。

時間割をずらすことの意味

一般的にスウェーデンの学校では、登下校時間、休み時間、昼食時間が、曜日や学年、クラスによってずらされている（⑥）。「校舎に十分な面積がない。時間割をずらすことで、校舎全体を効率よく使える」とはトロールボーダ基礎学校の校長のコメントだが、休み時間や昼食時間をずらすことで、共用空間やランチルーム、屋外空間の混雑緩和が図れる。

昼食は教室に給食が運ばれてくるのではなく、ランチルームでとることが一般的で、概ね低学年から順次昼食時間となる。したがって高

②ワークユニット例（ビキンガ基礎学校）。クラスルームをはじめとするいくつかの「ルーム」からなる。複数人で使用するグループルーム、多目的に使用するオールルーム、コートや荷物を置くコートルームなどである

③ワークユニットをつくる13要素

	部屋名	事例数	平均面積（m²）
1	クラスルーム	18	69.5
2	グループルーム	18	18.4
3	コートルーム	16	22.8
4	ディリジェントルーム※	15	11.3
5	オールルーム	15	65.1
6	教師ルーム	14	32.1
7	ワークルーム	10	38.7
8	エントランス	12	18.0
9	トイレ	18	2.0
10	キッチン	7	39.9
11	バルコニー	3	6.9
12	教室間扉	7	-
13	可動間仕切り	4	-

※スタディルーム、パーソナルルームを含む

学年が授業中でも、低学年がランチルームへ列をつくって移動し、校舎内は一気ににぎやかになる。また、休み時間は教室の外に出るよう教師が促すため、生徒たちは共用空間か屋外で時間を過ごす。

　冬の厳しいスウェーデンでは校舎内の気密性が高められ換気に限界がある。よって、自由時間は「子どもの成長にとって必要な、きれいな空気を吸う時間」として位置付けられ、子どもたちは屋外で過ごすことを推奨される。

（垣野義典）

⑤校舎内の共用空間にはカフェがあり、子どもたちが自由に訪れる

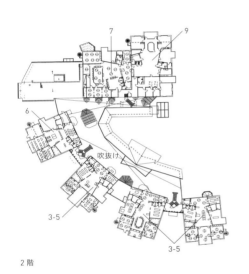

④トロールボーダ（Trollboda）基礎学校。共用空間における家具配置とエントランス位置

⑥学年によって休み時間や昼食開始時間がずれていることが分かる。校舎面積の有効活用にもつながる

教室のとなりにある階段型の部屋に集まって、小学4年生が2クラス合同でミーティングを行っている場面。遠足やスポーツ、森の散策などの行事について、子ども同士で話し合う

2-6 SWEDEN
多様な学習を受けとめる6種類の部屋

教室内でスウェーデン語の自習をしている場面。子どもたちはグループごとに大きな机を囲んで座り、共同作業もしやすい

スウェーデンのワークユニット型学校建築は、大小さまざまな部屋から構成され、学習内容によって、部屋を使い分けることが特徴である。

ユニット内ではどのように学習が展開するか？

トロールボーダ基礎学校では3年生～5年生約20人ずつで一つのユニットを編成する。授業によって、一つの学年が二つの部屋に分かれたり、ユニット中央の「グレイトルーム」に3学年合同で集まったりするなど、各部屋を有効に使いこなしている（①）。生徒が自習を行っている間、教師は巡回しながら生徒の学習状況をみて個別指導を行ったり、挙手した生徒のところへ指導に行ったりする。ストランド基礎学校の

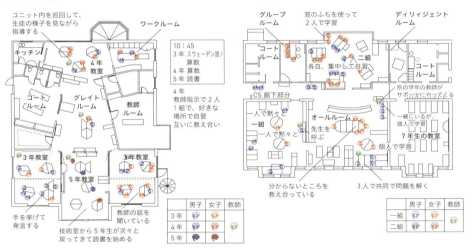

①トロールボーダ基礎学校におけるユニット内で授業を行っている場面

②ストランド基礎学校におけるユニット内で授業を行っている場面

左：3年生は2つの部屋に分かれて一斉授業、4年生は算数で問題を二人一組で協力して解き、5年生は読書をしている
右：5年生2クラス合同で算数の授業中。担任2名とサポートの教師1名が2クラスの間を巡回し個別指導している

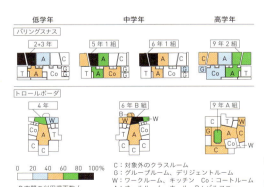

C：対象外のクラスルーム
G：グループルーム、デリジェントルーム
W：ワークルーム、キッチン　Co：コートルーム
A：オールルーム、ホール　B：バルコニー
T：教師ルーム

③図は一日の中で使われる部屋の使用率を表している。低学年のときは、部屋を三つ程度使うだけだが、高学年になるにつれてユニット内を広く、部屋をいくつも使っていることが分かる

学びや仕事のしくみと環境デザイン

ユニットは、教室より面積の大きな「オールルーム」に学習しやすい机のコーナーを配置し、大人数でも少人数でも使いやすい工夫がなされている（②）。各事例とも、ワークユニットがもつ大小さまざまな部屋を、場面に応じて利用する様子が確認できる。

授業中ユニット内のどの空間を使っているか

ユニット内ではクラスルームが最もよく使われるが、学年が上がるにつれ教師たちは、ユニット内の利用する空間の種類を増やしていく（③）。これは、高学年になるほど個別型の学習が重視され、各児童・生徒が自分たちの好きな空間を選んで学習するよう、教師が設定するからである。また選択科目が増え、ほかのクラスと混合した授業が多く、ユニット内のさまざまな空間を利用するようにもなる。

ユニット内では色々な授業が行われる

学習形態は7種類ある。児童・生徒一斉に教師が同一内容を教える「講義型」、は教師が児童・生徒に質問、児童・生徒に答えることを求める「問いかけ型」、生徒の発表やビデオを観る「視聴型」、多人数で話し合ったり何かをつくる「全員協働型」がある。さらに、教師は指導せず児童・生徒が各自で学習を進める「自習型」、児童・生徒が各自で学習を進め、質問、疑問があれば巡回中の教師に指導を求める「個別指導型」や、児童・生徒がペアもしくはグループを編成し、各グループで協働して学習を行う「グループ型」がある。なお授業中、児童・生徒同士は、互いに教え合うことが許されており、随時少人数のグループをつくることができる。

大小さまざまな部屋と「仕切り」が、多様な授業を成り立たせる

ユニット内の各部屋の分節方法に着目すると、間仕切りとしてスライディング・ウォールは目を引く。スライディング・ウォールは引込み形式で、扉に比べて幅が広く壁に近いスケールをもつことから、「仮設的な壁」と「引戸」が複合した間仕切りである。

スライディング・ウォールは横幅3400mmや1900mmなど比較的幅があり、空間の大きさを変えることができる（④）。バリングスナス小中一貫校のものはガラス製だが、過半部分にシールが貼られているため半透過性ウォールと言える。

スウェーデンのような個別学習を重要視する教育では、児童・生徒が個別に学習できる空間の実現が重要である。学年が上がるとともに、学習内容、空間、学習相手を自己選択する機会が与えられる場合、児童・生徒自身が、仕切りの開閉という簡易な操作のみで、学習しやすい環境を設定できる。

子どもが空間をしつらえ変えられる学習環境

このように、部屋で構成される学習空間では、ある任意のクラスもしくはグループに着目した場合、相互に空間的独立性を保ったり、逆に相互に空間的連続性を利用して授業を組み立てたりできる（⑤）。また、個室をいくつも生み出したり（⑥）、一つだけ個室化することも可能である（⑦）。さまざまな部屋を瞬時に生み出せるため、子どもたちがその日のコンディションによって空間をしつらえ変えられる点は特筆に値する。（垣野義典）

④クラスルーム内のスライディング・ウォールを引き込んだ状態（左）と閉じた状態（右）。横幅は 3400mm と 1900mm でガラス製だが、過半部分にシールが貼られ半透明の状態

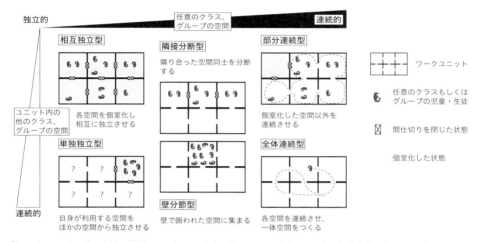

⑤ワークユニットの使い方は 6 種類。ワークユニット内の各ルームの扉をとじて沢山の個室を生み出したり、各扉を開けて全ルームをつなげて使うことができる

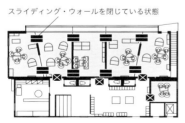
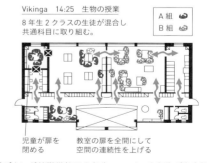

⑥バリングスナス基礎学校の 6 年生ユニット。6 年生が 6 グループに分かれてユニット内を広く使っている。スライディング・ウォールは各児童が開閉でき、自分たちが集中しやすい環境を設定することができる

⑦ビキンガ基礎学校の 8 年生ユニット。8 年生が各自好きな空間で好きな生徒と自由に学習している。仕切りは開放され、各空間の行き来のしやすさが確保されている

2-7 FINLAND
日本の20年先を行く教育コンセプト「動く学校」

サウナラヒティ(Saunalahti)基礎学校のランチルームは、来訪者にとっての大きな入り口である。舞台が併設され演劇会や大きな催し物も行われる

①1年生の教室。家具やICT機器が充実していることが分かる

フィンランドの教育方針
「教育は未来への投資」

2017年現在、日本の学校教育において「アクティブラーニング」「ICT」といった教育用語が飛び交っている。これは2020年の学習指導要領改訂に関連している。アクティブラーニングは「能動的学修」とよばれ、文部科学省の「用語集」によれば、「教員による一方向的な講義形式の教育とは異なり、学修者の能動的な学修への参加を取り入れた教授・学習法の総称」とされる。またICTは、「information and communication technology」の略称であり、電子黒板やノートパソコン、iPadなどの活用が代表的なイメージだろう。ICTを活用すると、小中学校において学力テストの成績が上がるとの結果もあり、インターネット技術の普及とあわせて肯定的に社会には受け入れられている。

この日本の状況の20年先を行く国にフィンランドがある。フィンランドはもともと教師が黒板の前に立ち、児童が教師に向かって座る、いわゆる一斉授業の形態が主流であった。しかし旧ソビエト連邦の崩壊とともに、援助の手が途絶え不況に陥ったフィンランドは、1994年、「教育は未来への投資である」として大きく教育の方針を転換した。

②教室における標準設備。各教室にはスマートボード、黒板、ホワイトボード、ノートパソコン、実写投影機が設置され、教師はこれらを駆使して授業を組み立てる。写真は実写投影機

教育コンセプトは「動く学校=Finish Schools on the Move」

フィンランドでは、2010年より「動く学校」を教育コンセプトに掲げ教育を進めてきた。特徴は「物理的な動きを増やし、座りっぱなしの時間を減らす」ことであり、アクティブ・ラーニングをもう一歩具体的に実践している。さらに、2016年から小学校で算数、数学の一部としてプログラミング授業が必須になった。フィンランド教育省の発表では、「フィンランドではITが生活を取り巻いており、すべての子どもがソフトウエアについて基礎的なことを学ぶ機会を与えるため」、「今後コンピューターサイエンスが発展するとともに、より一層知識が一般化する」とされている。

「動く学校」における45分授業の質

フィンランドの小学校は、1限45分で日本と同じである。しかしその質は全く異なっている。日本のように45分間を使い切って授業を行うことは少ない。そして授業中、教師はほとんど板書しない。代わりに実写機、テキスト、パソコン、iPad、スマートボード（電子黒板）を駆使して、45分間の中にいくつもの学習形態を盛り込んでいく（①②）。児童は一人、ペア、グループ、一斉といった集団編成の中で、ある時は教室内に散らばって、ある時は教室の外まで広がって学習を行う（③〜⑤）。例えば、2年生の算数では45分間の中で35分を使い、最初は二人一組になって計算に取りくんだ後、一斉授業、また二人一組になるといったリズムをつくっている（⑥）。3年生の英語を見ても同様である。教師は児童の学習の様子を見ながら一斉授業やグループ学習を盛り込むタイミングを図っている。流れを見ながら教室を動かしていくことで、45分間、児童を飽きさせず、集中力を途切れさせない流れをつくっているのである（⑦）。

45分間の流れを途切れさせず変化をつける

このような45分の質を生み出す上で有用なのが、スマートボードと実写投影機である（②）。この2種を存分に活用することで、「教師が指しているもの」が児童に的確に伝わる。またこういった機器を使うことで、板書やプリントを配布する時間を短縮でき、効率化を図るとともに授業のテンポを上げている。さらに、児童に背を向けて板書をする時間が減り、児童に身体を向け続ける中で、児童と向き合ってキャッチボールをするかのように授業を進めることができるのである（⑧〜⑪）。（垣野義典）

③スマートボードを活用した一斉授業

④グループごとに議論

⑤教室の外にあるオープンスペースも活用される

⑥ 2年生（算数の時間）。45分間中35分の中で、一斉学習とペア学習をまぜて変化をつけている

	01 02 03 04 05 06 07 08 09 10 11 12 13 14 15 16 17 18 19 20 21 22 23 24 25 26 27 28 29 30 31 32 33 34 35 36 37 38 39 40 41 42 43 44 45
Group Organization（グループ編成）	休み時間に外へ遊びにいった子どもたちが帰ってくる / ペア / 一斉 / ペア / 一斉 / 個別に一人一人
Items（教材）	おはじき / 卵の箱 / 卵の箱 / テキスト / テキスト
Spaces（利用空間）	クラス内 / クラス内 / クラス内 / クラス内 / クラス内
Theacher's Activity（教師の活動）	実写投影機の準備 / 実写投影機で数を数えるら / 巡回しながら、個別指導 / 黒板で問題を解く / 巡回しながら、個別指導

⑦ 3年生（英語の時間）。45分間中36分の中で、プリントやカードなど六つの異なる教材を使っている

	01 02 03 04 05 06 07 08 09 10 11 12 13 14 15 16 17 18 19 20 21 22 23 24 25 26 27 28 29 30 31 32 33 34 35 36 37 38 39 40 41 42 43 44 45
Group Organization（グループ編成）	一斉 / 個別に一人ひとり / 一斉 / グループ / 個別に一人ひとり / 個別に一人ひとり / 下校
Items（教材）	Web、テキスト / テキスト / 単語カードゲーム / 単語カードゲーム / 英語のプリント / 食べ物カードつくる
Spaces（利用空間）	クラス内 / クラス内 / 三つの部屋 / 三つの部屋 / 三つの部屋 / 三つの部屋
Theacher's Activity（教師の活動）	スマートボードで説明 / スマートボードで説明 / スマートボードで説明 / 巡回して個別指導 / 巡回して個別指導 / 巡回して個別指導

フィンランドの小学校の授業は、日本同様一限45分である。しかしどの学年、学習においても数十分の間にいくつもの学習形態を盛り込む。一斉授業に加え、グループや個人、二人一組になって協力して取り組む時間などを織り交ぜている。黒板はほとんど用いず、ICT機器を活用することで、授業にリズムを生み出している

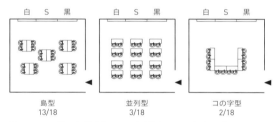

島型 13/18　並列型 3/18　コの字型 2/18

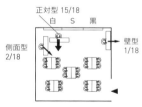

正対型 15/18　側面型 2/18　壁型 1/18

⑧ フィンランドの先進的な三つの小学校・1〜6年生の計18クラスにおいて机の配置を類型すると、過半のクラスで「島型」を採用している

⑨ 1〜6年生の計18クラスにおいて、ICTを用いる時の教師の身体の向きを類型すると、ほとんどの教師が児童に「正対」しながら授業を行っていることが分かる

⑩ 実写投影機を使ってスマートボードにテキストを映し出す。教師は児童に身体を向けたまま。実写機で教科書を投影することで、教師と児童が見ているもの、指していることのずれがなくなり「目線」がそろう

⑪ 児童は、教師の指しているものを共有し、教師とリズム良くコミュニケーションをとる

099　学びや仕事のしくみと環境デザイン

ビョールクネス(Björknäs)校訓練学校の教室。子どもたちの身体状況に適合させた教具が用いられている

ビョールクネス校訓練学校の廊下。たくさんの車椅子が並んでいる

2-8 SWEDEN
障害の有無によらず子どもたちが共に学ぶ
インクルーシブ教育環境

スウェーデンの障害児の教育環境

　スウェーデンの障害児を対象としたインテグレーション（統合）教育は1970年代から開始された。肢体不自由障害のみならず、知的障害のある子どもも通常学級で学ぶ教育制度の整備が今日まで続けられている。今日、障害児の教育体制は「インクルーシブ教育」と位置付けられ、世界的に、とくに国連の障害者権利条約批准国では、教育の制度や環境の整備が進められている。

　スウェーデンでは義務教育は、日本の小・中学校を一体化させた基礎学校で9年間展開される。障害のある子どもはこうした通常の基礎学校への進学が可能であればそこへ通い、障害の症状や特別ニーズがある場合には、特別基礎学校および訓練学校で教育を受けることになる。そしてこうした学校の多くは通常の基礎学校に併設されている。特別基礎学校は軽度の障害児が対象であり健常児と同じ教科で教育されるが、各教科の内容・範囲は子どもに応じて変更・調整される。一方、訓練学校は、教科教育の多くの部分もしくは全部を享受することのできない重度児を対象として、運動能力などの向上を重視した教育を展開するものである。

マテウス（Matteus）特別基礎学校

　マテウス校はストックホルムの中心市街地にある特別基礎学校が併設された基礎学校である（①）。特別基礎学校は校舎の奥まった一画に併設されており、児童生徒600人のうち、特別基礎学校の生徒は13人である。教室は通常学級のすぐ隣に併設されており、廊下やグラウンドなど共用部で日常的に生徒間の交流が生まれている。また、特別基礎学級の奥には、障害児のための学童クラブが併設されている（②）。この部分の廊下には、テーブルと椅子が置かれており、特別基礎学校の生徒を小グループに分けて授業を行う際に活用されたり、

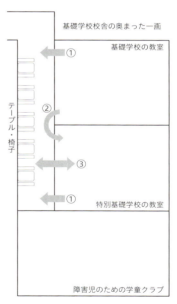

②マテウス校内の特別基礎学校の教室部分の平面図。教室は基礎学校の通常児教室と隣接している。時折基礎学校の生徒が特別基礎学校の教室を訪問することもある。廊下にはテーブルと椅子が置かれ、休み時間には両学級の子どもたちが交流する姿も見受けられる。一番の奥の教室は障害児のための学童クラブとして利用されている。女性の就業率が高いスウェーデンでは障害のある子どもの母親も就労しているケースが多く、こうした放課後学童施設のニーズは高い

①マテウス校の校庭。ストックホルムの中心部にある歴史ある建物を利用した基礎学校。雪の日も子どもたちはつなぎのコートを着て元気に遊んでいる

③マテウス校の特別基礎学校前の廊下。休み時間には障害の有無によらず子どもがにぎやかに過ごす。廊下に置かれた机と椅子は特別基礎学校の生徒のグループワークの際にも利用される

また休み時間に両学級の生徒が共に過ごす場として活用されたりしている(③④)。マテウス校の校舎は約100年前に建設されたものであり、改修を行ってもバリアーが多く存在することから運動障害のある子どもの受け入れには限界がある。そのため車椅子を使用する生徒は在籍していないが、過去には歩行補助具を利用する生徒を受け入れた実績はある。

ビョールクネス訓練学校

ビョールクネス(Björknäs)校は、ストックホルムに隣接するナッカにある訓練学校が併設された基礎学校である。訓練学校の校舎は敷地内に独立して建設されている(⑥)。児童生徒1000人のうち訓練学校の児童生徒は5人である。5人は障害の程度が重いため、学科教育

④マテウス校の特別基礎学校の教室。ほかの教室と物理的にはほとんど違いはないが、生徒と教員の人数が異なる。複数の補助教員がきめ細かに生徒の学習状況を確認し、適切な対応・教育を行っていく。年長の生徒にはパソコンが提供されており、かなり高度なカリキュラムも展開している

ではなく、運動能力とコミュニケーション能力の向上を目的とした教育が展開されている。また訓練学校の生徒はアシスタントの同行が必要であり、個別のケアを受けながら学校生活を送ることになる。

訓練学校の専門設備は、運動能力訓練用と、コミュニケーション能力訓練用の2種類の教室があり、障害に応じた専門の福祉用具・設備が用意されている。主なものとしては、車椅子の誘導ライン、天井走行リフト、運動能力訓練のためのマット、スヌーズレンルーム、車椅子利用やおむつ交換に対応できるトイレ（⑦）などがある。

前述のとおり、訓練学校の生徒がアシスタントを伴い校庭に出ることが可能であり、その場で基礎学校の生徒との交流が生まれている。中には休み時間が終了しても戻りたがらない生徒もいる。また、両校では基本的に授業は異なるプログラムに基づき展開しているが、年に数回交流プログラムを実施している。

スウェーデンでは、1990年代のインクルーシブ教育の推進により、すべての子どもを同じ場で教育する体制整備が強化され、現場において混乱が生じた。その後、一人ひとりの障害児に必要な教育プログラムの展開が模索され、現状のような、教育システムとしては別立てである一方、教育を受ける場を併設し可能な限り交流を生み出す方向が見いだされている。

（水村容子）

⑥ビョールクネス訓練学校のアプローチ。訓練学校は基礎学校とは別棟になっている。生徒の全員が車椅子を使用しているためアプローチ部分にはスロープが設けられている

⑦ビョールクネス訓練学校トイレ。便座での排泄が難しい子どもが多く在籍するため、おむつ交換台も併設されたトイレ。ゆとりある空間に必要な設備が置かれている

⑤ビョールクネス訓練学校の廊下の壁に掲示された遊具。重い心身障害のある子どもたちの五感を磨くために、色鮮やかでさまざまな音を発する遊具が廊下の壁に設置されている

103　学びや仕事のしくみと環境デザイン

2-9 DENMARK
想像できないコンバージョン。
食肉解体場をテレビスタジオに

空間を大切に引き継ぐ、驚きの転換活用事例

　これは、かつて牛の食肉解体場となっていた建物を、TV2というテレビ局に転換活用した事例である。煉瓦でできた外観、白で清潔感のある内部空間や、木架構で組まれた廊下空間とトップライトを見ると、歴史を知らない人にとってはなんら違和感のない空間であり、その中にニューススタジオや撮影室、カフェテリアなどが無理なく配置されている（①～③）。しかし、壁に刻まれた言葉から、ここが食肉解体場であったことを知るのである。デンマーク人の気質は、長く食肉解体場として使われた場所の記憶、歴史を、スクラップして隠蔽しない。それも歴史の積み重ねと街の風景の生い立ちだと考え、大切に引き継いでいくのである。

使い続けられる建物とは

　長年にわたり、さまざまな用途で使い続けられる建物を設計したいと思った時、可変的な空間を設計するとよいと考えるむきがある。どんな用途にでも対応できるように、壁の位置が変えやすい構造形式としたり、合理的かつメンテナンスのしやすい設備計画としたりといった設計である。しかし北欧の人々は使い続けられる建物の条件は必ずしもそうとは限らないと言う。デンマークでは、この食肉解体場のほかにも、穀物倉庫のサイロや、造船場のドックを集合住宅に変えた事例など、思いもかけない建物が別用途に転換されて活用されている。それらは必ずしも、後々の転用を意識して可変性に富んだつくりとなっていたわけではない。むしろ普通とは違う、汎用性のないつくりの部類に思われるぐらいだ。「地域にとって歴史的な意味を帯びている建物は残される」と彼らは言うし「建物の骨格の強さが大事」とも言う。地域にとって、用途を超えて重要な風景をつくり上げている建物のほうが、使い続けられるというのだ。（生田京子）

① TV2 外観

② TV2 内のニューススタジオ

③ カフェテリア

2-10 SWEDEN
ナッカにおける障害者の就労の場の整備

企業からの依頼によるダイレクトメールの袋詰め作業(ランガンダン社)

デザイナーからの依頼による木工製品の制作(ランガンダン社)

安心して暮らし、働く

ストックホルムに隣接するナッカは精神障害者の地域居住をいち早く推進した自治体として知られている。その計画は「ナッカプロジェクト（Nackaprojektet）」（①）とよばれ、地域内に入院病棟、通院クリニック、就労施設や作業所、グループホームや入居可能な一般住宅が整備され、障害当事者が自らの選択によって生活を組み立てることが可能な居住環境が整備されている。ランガンダン社（Langandan AB ②）も当初はナッカプロジェクトに組み込まれた公的な就労支援施設であったが、障害者たちの素晴らしい仕事ぶりから、単なる施設ではなく、一般民間企業と競争可能な一企業としての成長を望んだ創業者たちの思いによって創業された民間企業（③④）である。現在は、個人のプロダクトデザイナーからの発注を受け、少量生産を請け負うビジネスを展開しており、ここで働く障害のある人々の経済的自立が十分に達成される利益を上げている。社会参加と経済的自立を手に入れた障害当事者たちの生き生きとした様子が感じ取れる企業である。

（水村容子）

① 1970年代の精神障害者の地域居住移行計画「ナッカプロジェクト」を報告したレポート

②ナッカ市内のランガンダン社が入る建物

③ランガンダン社は起業したデザイナーの作品を少量生産し多大な利潤を上げている民間企業

④創業者の一人、ガス氏。当初は社会貢献として障害者の就労施設を運営したが、その生産能力高さに驚き起業したところ優良企業として成長した

2-11 SWEDEN 工場を美術大学にコンバーション

かつての工場生産スペースにパーティションを用いて設置された学生たちの制作スペース

デザインを学ぶ空間

　ストックホルムの地下鉄駅テレフォンプラン（Telefonplan）から徒歩2分ほどの場所に美術工芸大学コンストファック（Konstfack）のキャンパスがある。駅名は電話広場という意味をもつが、この校舎は、かつて国内随一の家電メーカーエリクソン（Ericsso）の工場をコンバージョンしたものである。電話を製造する工場がここにあったことに由来する。

　機能主義建築の表情をもつ校舎のファサードからは、工学系大学の印象を受ける。一歩内部に足を踏み入れると、配管剥き出しの高い天井、大規模な空間が並び、ここが工場であったことがすぐに納得できる（①）。工業デザイン、家具やインテリアデザインの専攻をもつこの大学は、工房としてかつての工場空間を最大限に活用している（②③）。（水村容子）

①プロトタイプモデルの作成、材料加工などのために、木工室、金工室、3Dプリンター室などが豊富に用意されている。配管が剥き出しの天井に工場として使われていた名残が感じられる。

②学生への参考作品として巨匠がデザインをした名作の椅子が展示されている

③家具を制作している学生。やりがいのもてるものづくり教育内容・環境に満足していた

学びや仕事のしくみと環境デザイン

第3章

自分を取り戻すための環境デザイン

　北欧の人々にとって「余暇」とは、レジャーではなく「多忙な日常から距離を置き、自分自身を取り戻す時間」として理解されている向きがある。素晴らしい気候が続く夏の時期に彼らは長い休みを取るが、多くの人は長旅を楽しんだり、自然の中に建つセカンドハウスに滞在したりして英気を養う。また、こうした「自分自身を取り戻す」という考え方は病や障害によって、なんらかの心身機能を失った人にも適用される。身心機能の回復のみに執着するのではなく、新たな状況に適した住まいや社会的役割を獲得し「自分自身を取り戻していく」ことが最重要視されている。

　本章では、人々が「自分自身を取り戻す」ために北欧社会に用意されたしくみや環境デザインを紹介する。

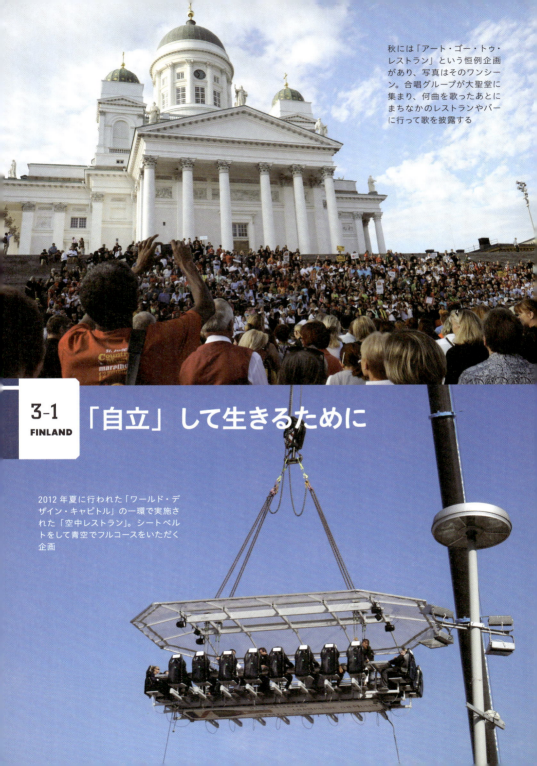

秋には「アート・ゴー・トゥ・レストラン」という恒例企画があり、写真はそのワンシーン。合唱グループが大聖堂に集まり、何曲を歌ったあとにまちなかのレストランやバーに行って歌を披露する

3-1 FINLAND
「自立」して生きるために

2012年夏に行われた「ワールド・デザイン・キャピトル」の一環で実施された「空中レストラン」。シートベルトをして青空でフルコースをいただく企画

社会システムと暮らしのしくみ

フィンランドとの縁は日本の高齢者福祉環境が大きく変わろうとしていた1990年代後半からだった。アキ・カウリスマキ監督の映画「浮き雲」にも描かれた大不況からようやく脱出した当時のフィンランドは、ノキアの成長をはじめとしてグローバルな国づくりに期待と希望に満ちていた。自分自身は研究のほか、アアルト建築、優れた機能とミニマムな審美感覚を兼ね備えたフィンランドデザインにも魅了された。その後も足繁く通い、2012年4月からの1年間はヘルシンキ市ヘルスケアセンターの客員研究員として、家族と共に滞在した。

フィンランドはほかの北欧諸国と同様、高税金高福祉国としての知名度が高い。家族との時間を大切にし、長いヴァカンスを楽しみ、普段の労働時間も短いという話もよく伺う。羨ましいと思う一方で、人口が少ない国は何によって支えられているのか？ という疑問も同時に抱いていた。1年間の生活体験を通して、その疑問は少しずつ解けた。

本質を大切に。
チャレンジ精神に富む国民性

前頁写真の企画は、いずれも短い夏を思い切って楽しみ、長く暗い冬を明るく乗り越えるための知恵であり、フィンランドらしいチャレンジ精神に富んだユーモアが現れている。

また、日本の医療分野では「チーム医療」が推進されているが、フィンランドの多くの病院で、「チーム医療」という言葉を切り出しても首を傾げられることが多い。しかし、実際に医療現場を見ると、一人の患者に対しては必ず医師、看護師、セラピストなど必要な医療スタッフによるチームでかかわっている。つまり、「チーム医療」は当然のように行われている。言葉や厳密な方法論と形にこだわらず、物事の本質を大切にして実行するフィンランド人の国民性を垣間見ることができる。

無駄を潔く省き、
合理主義の徹する精神

少ない人口で国を運営していくためには効率化を図ることが大切で、そのために無駄を省く工夫がさまざまな局面でなされている。

在籍していたヘルシンキ市ヘルスケアセンターは市の行政部署が集まる建物に入居している。ワンフロアに並ぶ20室ほどのオフィスの印刷は廊下に置かれている1台の複合機でまかなっている。書類を印刷する前に「Print」ボタンを押すと、「この書類を本当にプリントする必要があるか？」とのメッセージが現れる。銀行口座を開く際にもらうのは口座番号とキャッシュカードだけ、通帳や紙の明細はないなど、生活の中で「紙」を使う場面が少ない。フィンランドでは、行政主導でペーパーレスを推進しているからである。生産的・効率的な仕事の進め方が重要視され、会議はランチミーティングやスカイプミーティングで時短で済まされることも多い。柔軟な働き方として、ヘルシンキ市は在宅ワークを推奨している。そのために図書館などのパブリックスペースをワークスペースとして

①商品のボタンを押すと、バーコードが付いている値段シールが出てくる楽しいシステム

整備する事業も着々と進められている。

　限られたマンパワーの配分にもメリハリがはっきりしている。カフェはセルフサービス、スタッフ一人で切り盛りしている所が多く、スーパーもほとんどの場合はレジしかスタッフがいない。パンや野菜などは量り売りシステム（①）で、客が必要な分だけ袋に入れて量ってレジに持っていく。サービス業の人員配置は最小限に抑えられている一方で、教育、医療、福祉分野では十分なマンパワーが配置されている。学校は少人数制教育が徹底されている。高齢者施設や医療施設では利用者や患者に寄り添う人的余裕がある。

自立すること、自立を支えること

　ヘルシンキでは、ホアス（hoas）という学生の住まいを提供する財団が所有するアパートに住んでいた。3階～4階は短期滞在の外国人研究者や留学生に提供されているが、1階～2階は障害のある学生の住まい。共用サウナも含めて全館はバリアフリーに徹しているほか、スタッフも常駐している。

　1階に住む足が不自由なヤルッコさんは障害のある奥さんとの二人暮らし、このアパートに住んで5年になっている。いつか自分の会社を起こすために障害者のビジネス専門学校に通っている。天気のいい日は玄関の外でタバコを吸っているため、よく世間話をしていた。ヤルッコさんの日常を通じて、障害者カード所持者（障害のある人を支える特別法によると、自治体は障害のある対象者に、福祉機器の供給、サービス付き住宅の供給、通訳〈手話〉サービス、移送サービスなどを行うことが義務付けられている）が使えるさまざまな社会保障を知った。車椅子はレンタル、洋服、靴、メガネなどの身の回りの生活用品も購入費の一部は国が負担してくれる。公共交通機関は半額で利用できるほか、毎月少額の費用を支払えば、福祉

タクシーも使い放題。外出の付き添いや料理、洗濯などの日常生活をサポートしてくれるヘルパーは決まった馴染みの人、来てもらえる時間は利用者の障害の程度によって異なる。ヤルッコさんの場合は毎月最大35～40時間、奥さんの場合は毎月55時間、45時間のケースもある。ヤルッコ夫妻は洗濯、料理は自力でまかない、日常生活は不便を感じないそうである。社会保障を賄う財源は限られているし、自分たちの自立を維持するためには、極力ヘルパーや福祉タクシーに頼らないように心掛けているそうである。公共交通機関は車椅子が乗り降りしやすいロ―ステップになっており、車椅子利用者と付き添いヘルパーの外出を見ると、車椅子利用者が自力でバスに乗り込み、ヘルパーは見守るだけの場合がほとんどである。

　共働きの家庭なら、だれもが一度くらいは「夏（冬）休み中の子どもの昼食」で頭を悩ませる経験をしているだろう。フィンランドには自治体から提供される「公園スープ」という素晴らしいサービスがある。夏休みの子どもたちは学童保育のような児童クラブで過ごしたり、または自宅で過ごす子も多い。夏休み中は毎日お昼に、地域の比較的大きい公園に「スープおばさん」とよばれる女性がやってきて、スープを配るのである（②）。毎日の献立は予め自治体のホームページに公表されており、具だくさんで栄養満点のいわゆる「食べるスープ」である。アレルギーやベジタリアン対応のメニューも必ず用意されている。事前予約は不要で、決まった時間に配布場所に行けばよい。スープをもらった子どもたちはベンチや芝生に座り、持参したパンと一緒にピクニック感覚でお昼をいただくのである。

　フィンランド人にとって、「自分のことは自分でできる」、つまり「自立」は生きることの基本として位置付けられている。福祉の理念は、至れり尽くせりなサービス感覚ではなく、フィンランドに住むすべての人に対して、「自立」する

のに足りないことを、ハード面のインフラ整備やソフト面でのサポートの提供を通して包摂的に補うことである。

人は最大な資源。
資源を創出するための教育

断片的な生活体験をつづってきたが、物的資源、人的資源をいかに合理的に利用するかという、資源が乏しく人口も少ない国の意気込みを感じることができたのではないか。このような社会システムが成り立つ前提となっているのは「考えること」を重視する教育である。

フィンランドはOECDの各種学力ランキングでは上位の常連国であるにもかかわらず、先を見据えて絶えず改革している。2016年に実施された義務教育のカリキュラム改革では、学年、教科の枠を超えた「複式クラス編成」と「プロジェクト学習プログラム」の導入が義務付けられた。習熟度別の個別指導の強化、自らの関心事について深く考え、理解すること、批評的に情報を選別する能力（情報収集リテラシー）、いずれも「考える力」を鍛えることが目的である。

2017年にフィンランドは建国100周年を迎える。「相対的貧しい国」として始まり、その間に90年代の経済大不況も経験し、100年間の国づくりは決して順風満帆ではない。現在でも戦後最大の危機と言われている経済不況に見舞われており、経済格差の拡大も社会問題となっている。一方で、危機から立ち直り、国力を示す各種ランキングの上位常連国に誇っていることも事実である。その根底にあるのはソーシャル・インクルージョン理念を軸に国民の生活を支え続けることに決してブレない姿勢を示している政府と、考える力と自立精神をもつ国民との間に築かれている強固な信頼関係ではないか。この信頼関係がある限り、困難に立ち向かう底力のある社会が成り立ち、国の未来は明るい。

（厳爽）

②公園スープが運ばれると、子どもたちが輪になりスープおばさんと一緒に歌を歌い、ゲームをしてからスープをいただく

ミュージアムの中に住む。
ふつうの暮らしと住宅を保全し、気づきと学びから自らまちづくりをするためのエコミュージアム

3-2 SWEDEN

一時はだれも住まなくなった廃墟のまちシェールファレット。2011年の様子

少しずつ住み手が現れ始め、復活してきた住宅群シェールファレット 2016年の様子

エコミュージアムによる保全

エコミュージアムは、「地域まるごと博物館」などと称され、地域全体をミュージアムと見立てた地域住民の参加する地域保全活動である。地域の遺産を材料として、地域住民の意識を高めることにより、結果的により良いまちをつくっていく技術である。実はスウェーデンは、国際的にエコミュージアムという言葉が生まれる以前からこの活動が始められていた先進国であり、北欧ではいくつかのエコミュージアムが現在も活動している。

ミュージアムの中に住むということ

テーマパークや単なる野外博物館と違って、エコミュージアムでは、施設の職員がその姿を演じて見せるのではなく、住民が自らミュージアムの一部となっている。担い手は、一般の「市民」というより、具体的にその環境に直面し、そこで日常的に生活する「住民」であるということが最大の特徴になる。言い換えれば、エコミュージアムにかかわる住民は、意識しているかどうかにかかわらず、自らミュージアムの中にその役割の一部分を担って住んでいるということである。知らず知らずのうちに、それは、住んでいるだけで住宅地としての地域を保全することに荷担し、より良い居住環境づくりのための日々の学習を繰り返していると言えるかもしれない。

ここでは、1986 年に財団として設立したベリスラーゲン・エコミュージアム（Ekomuseum Belgslagen、スウェーデン）内の 50 か所ほどあるサイトのうちの一つ、ストラハゲン（Stora Hagen、1898 年建設）と、ほぼ同時期に建設され同じような構成をもつ住宅地、シェールファレット（Källfallet、1896 年建設）を取り上げる。これらはいずれも近代に栄えた鉱山のあるまちグランジェスベリにある。19 世紀の終わ

りごろ、とくにこの地域では、国内各地から移住してくる鉱夫たちの家族向け住宅を必要としており、小さな鉱山会社の共同組織がこれら二つの住宅地を建設した。

まちなみ保存の成功事例−ストラハゲン

ストラハゲンの全体は、1989-90 年に管理会社により、大規模修繕が行われた。このとき、一番手前の端にある家が、当時の生活の様子を再現するための小さなミュージアムとして生まれ変わることとなった（①②）。

もともと４住戸から成る建物のうち、１階部分の２住戸分は展示室と保存協会の事務所になっていて、残りの２階部分の２住戸は、それぞれ昔の生活の光景を表すように家具・内装を再現している。

２階の一つの住戸の内観は、1898 年の状態に再現されており、建設当初に住んだ一般住民の家庭を再現している。この時代は約 800 人が、この地域に住んでいた。もう一つの住戸は、1963 年の状況を再現している。ここでは、最も生活の近代化が進んだ時期において、65 歳以上になって鉱夫たちがどのような生活をしていたのか、という展示をしている（③）。

まちなみは整然としていてたいへん美しい。このまちなみが保全されている理由の一つには、この地域を学習保全の対象として活動している郷土史の保存協会の活動と展示室の存在が大きい。たえず住民に自分たちの地域のアイデンティティを誇りとしてもつように学習活動を繰り返してきたことが、このまちなみ保全に貢献したと言えよう。

また、この住宅地を一つのサイトとして位置付け、学術的・財政的・組織的に支援してきたエコミュージアムの役割も重要である。歩いて数十歩の距離に 100 年以上前の歴史と触れることができる展示室があることにより、住民は、住宅地との一体感を感じ、自分たちが地域の

①良好に維持管理されているストラハゲンのまちなみ

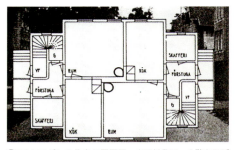

②ストラハゲンの住宅の平面図。上下対称で、2階もほぼ同じ平面となっており、もともと4世帯が一つの住宅に住んでいた。現在は2住戸分を1世帯で使用し、一つの住宅を2世帯で使用している

③ストラハゲン内の22棟の住宅の平面はみな同じ。同じ位置の部屋における、1898年当時再現（左上）、1963年当時再現（左下）、2002年の実際の居住状況（右上下）

長い歴史の上に生きているという実感を得つつ、今後も自分たちの地域を守っていこうという意識をもち、未来に向かって生活をしていくことができるのである。

廃墟からの復活－シェールファレット

ストラハゲンの近くに、もう一つ似たような並びの住宅地シェールファレットがある。さまざまな要因により、居住者がいなくなって久しい。筆者が1999年に訪ねた時には、もうすでに空き家が出始めており、若者の破壊行為に悩まされていた。空き家化は2000年代に入ってからさらに進行し、人が住まなくなり一時は全くのゴーストタウンになった（④）。その中でこのような住宅地を放置するのはもったいないと意識する人たちが現れ、若者を中心に保全管理のためのNPOが結成された。自治体と交渉の末、2010年には住宅の所有権を借り受けることになり、ボロボロだった住宅の内部を少しずつ自主的に改修することを試みて、人々にこの資源の再認識を促す活動を始めていった（⑤）。

彼らは改修を進める中で、剥落した外側のモルタルの下にもともとの構造体であった木造があることを発見した。最初は木材がモルタルの下地になっている程度の認識だったが、木造の状態が良く色も綺麗であることに気が付いて、外壁を修復する段階に入った時に、試みにモルタルを剥がしてみたところ、美しい外壁が現れた。そこで、建てられた当初のものを再現することとなり、赤いペイントを塗って整備するという修復方針が固まった。

1890年代の建設当初、ほぼ同じ形態の住宅によって構成された二つの住宅地で、象徴的な対比、すなわち、居住者がいなくなり放置されていたシェールファレットと、ふるさと協会により住宅を守ってきたストラハゲンとの対比は興味深い。

シェールファレットで、保全に向けての活動が進められてきたのはストラハゲンという良い参照事例があったからこそであろう。これこそがふつうの暮らし方の中に入り込み保全意識を涵養するエコミュージアムの優れた点の実践であると言えよう。（大原一興）

④シェールファレット2011年時点における廃屋では、剥落したモルタルの下地の木材が剥き出しになり一部見える状態にもなっている

⑤シェールファレット2016年時点で、廃屋だった住宅を新たな居住者のために、外壁のモルタルを剥がして建設当初の外観に復元工事中

広々とした空間にあるソファではゆったりした時間を過ごすことが出来る。まさにまちのリビングスペースである

3-3 FINLAND
静謐の読書空間から「街のリビング」へ変革する図書館

冬の長いフィンランドでは、図書館はまちのリビングであり、屋内でありながら公園のようでもある

「静謐の読書空間」から
「まちの日常使いのリビング」へ

　フィンランドには、市町村立図書館が約930館ある（大学図書館は、図書館法ではなく大学の法規に従うため別にカテゴライズされている）。フィンランドの図書館法は1928年に施行され、1998年に改訂された。
1　より機会の平等化を促進すること
2　公共図書館は地方自治体が運営する
3　自治体自らの責任でサービス内容を決定
4　国は自治体の図書館に、人口に応じて財政支援する

などが主な改訂内容となる。なお日本には1億2700万人に対して3083館（約4万1000人/館）、フィンランドは540万人に対して927館（5800人/館）あり、フィンランドの全人口に対する図書館の多さは特筆に値する。さらにヘルシンキ市は2010年に「図書館は街のリビング（Library-The citizens' living room）」という明確なコンセプトを掲げ、新たな図書館像をつくり出している（①）。暗い冬が長く続くフィンランドにおいて、居心地の良いコーナーや空間をしつらえることで、図書館というよりも大きなリビングルームのような空間をつくり上げている（②）。

イソオメナ図書館　　　エントレッセ図書館

凡例：一般開架／新聞・雑誌／子ども／ティーンズ／音楽・視聴覚／PC／学習席／カフェ／多目的

①ヘルシンキ市は、Library-the citizens' living room（＝図書館は街のリビング）というコンセプトを打ち出した。同じ時期に、隣町のエスポー市も居心地を重視した図書館を開館した。内部は「屋内公園」さながらである

②エスポー市が運営するエントレッセ（ENTRESSE）図書館はゆったりした空間内にカラフルな家具がちりばめられ、屋内公園のよう

③エスポー市が運営するイソオメナ（ISO-OMENA）図書館はショッピングモールの上階にありモールのにぎわいが図書館にも伝わる

自分を取り戻すための環境デザイン

ざわざわしたまちのようなノイズが「居てよい」を演出する

　館内に噴水があり水音が反響したり、近接したショッピングモールからにぎわいが館内に伝わってきたりする図書館もある（③④）。まちなかにいるようなざわざわした適度なノイズが図書館の「居やすさ」を演出している。

図書館なのに飲食の音がする

　飲食可能な図書館も多い。これは「図書館はリビングルームのようなもの」というコンセプトに照らせば自然なことであろう。カフェを併設していたり、自動販売機が置かれ館内で自由にコーヒーが飲める図書館も多い（⑤⑥）。中でもアラビア（Arabia）図書館は、レストランとガラス一枚で隣り合わせになっており、料理の香りや食事の音がそのまま図書館内に伝わってくる（⑦）。同時に、クワイエット（Quiet）ゾーンという飲食や会話が禁止された場所も併設され（⑧）、来館者のニーズによって場所を選択できる。

本の置き方・本の見せ方をケチケチしない

　本を手に取りやすい工夫がされている点も魅力的だ。来館者の目に触れるよう表紙を見せて「展示」している（⑨）。本は図書館を図書館たらしめる要素だが、本をインテリアの一部とし

④パシラ（Pasila）図書館には、中央に噴水があり、吹抜けに水音が反響する。適度な音によって居心地が演出されている

⑤イソオメナ図書館の「飲食OKのゾーン」でくつろぎながらコーヒーを飲んでいる来館者。自宅のようにくつろぐことができる

⑥ヴァリラ（Vallila）図書館の入り口には、コーヒーの自動販売機が置かれている。館内ではコーヒーを飲みながら読書ができる

⑦アラビア（Arabia）図書館は、ガラス一枚隔ててレストランと隣り合わせ。図書館内にもレストランの料理の香りがたちこめ、フォークとナイフの音が反響する

て扱うことで図書館側からの気遣いが来館者に伝わり、居やすい空気をつくり出している。

「何かできそう」から始まる来館

　館内には公開セミナーを行ったり、子連れの家族がくつろぐスペース（⑩）、テレビゲームコーナーもある。小さな子どもから高齢者まで、だれにでも「行けば何かできそう」という気持ちにさせる仕掛けづくりが巧妙になされているのである（⑪）。（垣野義典）

⑧飲食OKのゾーンから少し離れた空間には、会話NGのクワイエット（Quiet）ゾーンが配置され、幅広いニーズに応えられるよう計画されている

⑨本の置き方にも工夫がされている。蔵書数を増やすためではなく、本を効果的にディスプレイするために、本棚を多く配置している

⑩ベビーカーを気軽に置けるスペースが確保され、赤ん坊を連れた母親同士が交流できる空間も用意されている

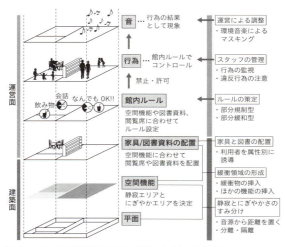

⑪フィンランドの図書館を「リビングルーム化」するしくみ

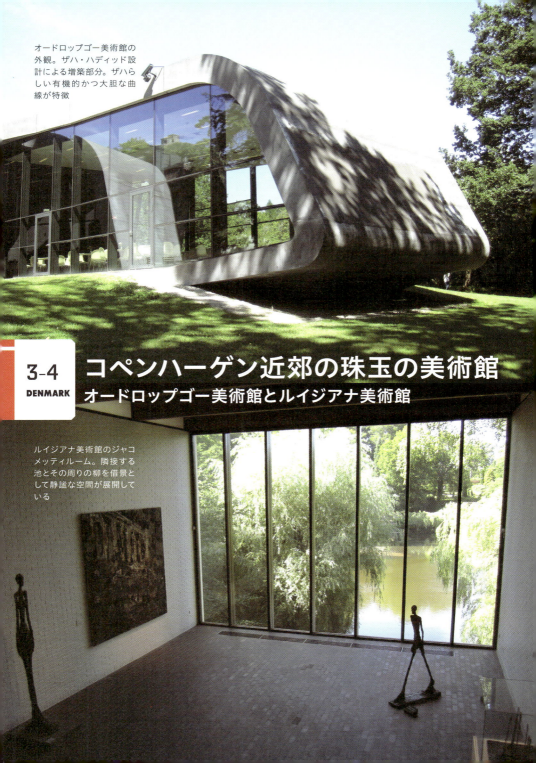

オードロップゴー美術館の外観。ザハ・ハディッド設計による増築部分。ザハらしい有機的かつ大胆な曲線が特徴

3-4 DENMARK
コペンハーゲン近郊の珠玉の美術館
オードロップゴー美術館とルイジアナ美術館

ルイジアナ美術館のジャコメッティルーム。隣接する池とその周りの柳を借景として静謐な空間が展開している

アートを魅せる空間

　コペンハーゲンから北へ電車とバスを乗り継ぎ1時間ほどの場所に緑の美しい素晴らしい美術館が二つある。オードロップゴー（Ordrupgaard）美術館とルイジアナ（Louisiana）美術館。いずれも世界的な建築家の設計による珠玉の美術館である。

　オードロップゴー美術館は1918年に建設された資産家の私邸とそのコレクションを美術館として開放したものであるが、2005年にザハによって新館が増築された。地形に沿って森にせり出すように建てられたコンクリート打放しの外観は、周囲の森の緑や青い空と独特のコントラストを呈している。そして、その内部には体験したことのない独特な形態をもつ空間が展開する（①）。ガラス張りの光溢れる空間の先は展示室につながり、そのコントラストも興味深い。隣接するフィンユールの邸宅も必見である。

　1856年、地区の邸宅を改装したルイジアナ美術館は「デンマークのリビエラ海岸（②）」とよばれる風光明媚な場に建つ。世界で一番美しい回廊式美術館と言われるこの建物を設計したのはデンマーク人建築家ヨルゲン・ボー（Jorgen Bo）とヴィルヘルム・ヴォラート（Vilhelm Wohlert）である。展示空間と周辺の自然環境の景観が絶妙なバランスで調和しているジャコメッティルームは必見である。またこの美術館には至る所に子どものワークショップスペースが用意（③）されており、親子で創作にいそしむ光景が目に入る。子どもの頃からこうした空間でデザインに触れる機会が用意されていることが、センス溢れる市民を生み出すことにつながる。（水村容子）

①オードロップゴー美術館の内部。光と緑が溢れる廊下と展示室は全く異なった空間が体験できる

②ルイジアナ美術館前の美しい海岸。「デンマークのリビエラ海岸」と称される。夏は近くの住民が日光浴を楽しむ

③ルイジアナ美術館。階段手前のちょっとした空間でレゴのワークショップ。親子の協働が微笑ましい

3-5 FINLAND
サウナ建築が都市の公園になる

サウナとレストラン共用の入り口

展望デッキをそなえたロイル。ロイルはフィンランド語で湯気の意味

1階にはサウナとレストランが併設されている

都市におけるかつての公衆サウナ

フィンランドの都市部・ヘルシンキでは、多くの住宅で温水シャワーが出ない時代、公衆サウナは生活上、大きな役割を果たしていた。これは日本の都市部にある公衆銭湯と非常に類似し、さらに銭湯同様、公衆サウナも近隣住民がコミュニティを形成するきっかけとして重要な環境であった。

しかし、現在では住宅の設備環境が整い、各家庭がシャワー室をもつようになった上、住戸内もしくは集合住宅内にサウナが普及し、共同で使うことも珍しくなくなった。

これらの背景から、これまでフィンランド人の都市生活を支えていた公衆サウナは激減し、2017年現在、ヘルシンキでは3か所しか現存していない。

これからのフィンランドのサウナ建築

しかし、ここ数年ヘルシンキでは、再びサウナを中核とした新たな動きが見られるように

左／マーケット側から見たサウナ建築アラス・シー・プールの外観
右上／プールが併設されている　右下／眺望を得ながら、日光浴ができる

なった。レストランと展望台を併設したロイル（Löyly）は、サウナを楽しめるとともに、サウナの外で涼んだりビールを楽しんだりできる半屋外空間をもつ（①②）。同時にサウナ利用者のみ、海に飛び込むことができ、都市環境と自然双方を楽しむことができる（③）。アラス・シー・プール（Allas Sea Pool）は、プールやバーベキュー場も併設され、無目的でふらっと来てもにぎわいを楽しむことができる（④⑤）。これからのサウナ建築は、サウナというだれもが知っている機能を中核とし、建築に親近感をもたせながらほかの機能と複合することで、気軽に立ち寄れる場所へと変貌していく（⑥）。

同時に、そのにぎわいが都市を彩りながら、ほかの都市にはない新たなタイプの風景を生み出していくだろう。（垣野義典）

①レストランの屋根部はだれでも上ることができ、大きなクッションでくつろぐことができる

②ビールをのみながら涼める半屋外空間

③サウナに入ったあとは、そのまま海に飛び込むことができる

④スーパーマーケットを越えた先にアラス・シー・プールがある

⑤バーベキュー場も併設している

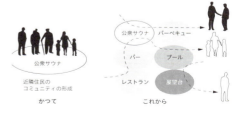

⑥これからのサウナ建築は、サウナというだれもが親近感を抱く機能をもちながらも、複合化することで、ふらっと立ち寄ることのできる新たな都市公園となっていく

自分を取り戻すための環境デザイン

マルメ市立図書館アトリウム上部からの眺め。館内だけではなく隣接する公園も望める圧倒的な空間

3-6
SWEDEN　DENMARK

エーレスンド海峡を挟む二つの図書館
マルメ市立図書館とデンマーク王立図書館

王立図書館内部からエントランスのアトリウムを望む。カーテンウォールからの運河の眺めは美しい

ガラスのアトリウム空間をもつ図書館

　デンマークの首都コペンハーゲンとスウェーデン第三の都市マルメ。この二つの都市はエーレスンド海峡を挟んだ対岸に位置する。スウェーデン南部はスコーネとよばれ、かつてはデンマーク領であった時代もある。その中心都市であるマルメはデンマークの影響を色濃く受けたまちである。この二つのまちはそれぞれ素晴らしい図書館をもっている。いずれも、従来その地にあった図書館に新館を増築したものであり、その外観および内部空間は一見に値する。

　マルメ市立図書館新館は1998年、デンマーク人建築家ヘニング・ラーセン（Henning Larsen）の設計により完成した。高さ18mのアトリウム空間（①）は2面がガラスのカーテンウォールによって構成されている。大空間には4本の円柱が立ち、図書および閲覧コーナーの大部分は1階に配置されている。さらに、その一角に3層の書架および閲覧室があるが、その最上階からの眺めは圧巻である。隣接する公園の美しい緑と青い空を感じながらの読書は至福の時間である。

　一方、コペンハーゲンの王立図書館−通称ブラックダイヤモンド（②）−は、1999年、デンマークの建築ユニット、シュミット・ハマー・ラッセン（Schmidt Hammer Lassen）の設計によるものである。この建物に入ると、まずエントランス部分のガラスのアトリウムに圧倒される。天井に向かって広くなる吹抜け、波状にうねる各階フロアの床（前頁写真下）。そして、振り返るとガラスのカーテンウォールを介して運河の水辺が広がる。硬質な印象を受ける外観に比して、内部空間からは神秘的な北欧の自然が想起される。

　この二つの図書館は、新館としての増築、ガラスを多用した開放的かつ大規模なアトリウムの導入、多くの市民が集う憩いの場など、多くの共通項が挙げられる。しかしその内部空間は対照的である。ぜひ、同時に訪れその違いを体験してほしい。（水村容子）

①マルメ市立図書館のアトリウム。キューブ状の空間に大胆に図書・閲覧室が並ぶ。その明快な光溢れる空間に多くの市民が学び、くつろぐ

②ブラックダイヤモンドとよばれる所以となる増築部分の外観。黒色花崗岩とガラスに覆われた外壁はコペンハーゲンの湾岸部に輝く、まさに漆黒のダイヤモンドのごとき存在感

3-7 SWEDEN 子ども病院のアート
アストリッド・リンドグレン・子ども病院

真のアートを子どもたちへ

『長靴下のピッピ』や『やかまし村の子どもたち』の著者である女流児童文学者アストリッド・リンドグレン（Astrid Lindgren）の名を冠したこの病院は、1998年カロリンスカ（Karolinska）病院の小児科が独立して設立された病院である。2002年に亡くなったリンドグレンは、この病院の設立に共感し、多額の寄付金を提供した。彼女の功績がたたえられ、その名が病院名に使われたのである。

この病院は、彼女の名とともに、本格的なホスピタルアート作品としても知られている。まず、玄関では、リンドグレン女史の像が子どもたちを待ち受けている（②）。恐る恐る通院してくる子どもたちを励ますように。そして、診

①アストリッド・リンドグレン・子ども病院の外観

療が終わった子どもたちを誉めたたえるかのように入り口のすぐそばに座っている。外来受付は、子どもの身長を考慮したつくりである（③）。エレベーターホールには、リンドグレンの記念切手をコラージュした壁画（④）が飾られ、院内学級や院内図書館の入り口には、子どもたちの想像をかき立てるレリーフ（⑤⑥）が設えられている。そして、外来から病棟へ向かう長い廊下は、さまざまな空や海の生物で埋め尽くされている。いずれも、当然のことながら子どもを対象としたアートであるが、大人も楽しめる本格的な芸術作品でもある。「真のアートを子どもたちにも味わわせたい」その思いがひしひしと伝わってくる。病に苦しみ戦う子どもたちに生命力をチャージしてくれる空間である。（水村容子）

②玄関横では、子どもたちが、リンドグレン女史の像の横に座り記念撮影できるようになっている

③外来の受付。窓口の高さが子どもの身長を考慮して設けられている

④リンドグレン女史のポートレート。やさしい眼差しが子どもたちを見守る

⑤院内学級の入り口の壁画。時計はガラス張りになっており中がのぞける

⑥院内図書館の入り口の壁画。魔女のような服装の女性が立っている。想像力をかき立てるレリーフ

自分を取り戻すための環境デザイン

3-8 FINLAND

社会との接点を断ち切らない医療環境

前頁の写真はヘルシンキ中心部に立地するヘルシンキ大学付属精神科病院1階にあるカフェである。建築家アルヴァ・アアルトの作品に彷彿させる壁のタイルが色鮮やか。昼や午後になると、地域住民、医療関係者、患者でいつもにぎやかになる。

　ここにはフィンランド全土から、症状が重く自治体の精神科医療では対応が難しい患者が紹介されてくる。つまり、ここは全国で最も重症の患者が入院されている。しかし、写真①～④のように、鉄格子のような重症精神科病院をイメージする雰囲気は全くない。

収容の場の中での生活の工夫

　フィンランドは1960年代初頭に収容目的で長期滞在患者が中心のメンタルホスピタル（Mental Hospital）が多く整備された。ヨーロッパの中では最も病床数を有し、患者を隔離していた精神科医療環境も長く続いた国である。80年代以降、世界規模で行われた精神科医療改革の波に乗って、長期入院中心の精神科医療の見直しがようやく行われた。その後約30年の間、独立した精神科専門病院の数が減らされ、精神科病床はさらに総合病院の精神科に移行された。2012年の統計によると、人口千人当たりの数は約0.8床となり、フィンランド全土の精神科病床数を1/5にまで減らすことに成功した。

　一方で、かつての収容目的の環境においても、生活の場に近付かせるための看護師によるさまざまな工夫がなされていた。旧精神科病棟を精神科医療の博物館として開放しているケロコスキホスピタルミュージアム（kellokoski Hospital Museum）には、当時の病棟で使わ

①病棟の喫煙室には目隠しも兼ねたアートが施されて、光が柔らかく注ぎ込む

②病棟内にあるスタッフ休憩室　　③バイオレンス病棟のリビング　　④高齢者病棟のリビング

どの病棟も温かみのある家具によってしつらえられている。スタッフ休憩室、暴力を振るう患者のバイオレンス病棟、高齢者病棟の共用空間は区別なく、家庭的な雰囲気が漂っている

自分を取り戻すための環境デザイン

れた治療器具、調度品、患者と医療者の服や患者の活動が収められている写真の数々が展示されている。患者の服はどれもデザイン性が高く、色も明るかったことが印象的だった（⑤）。当時、患者は看護師と一緒に洋服を買いに行って、素材についての条件が病院のルールに満たしていれば、あとは自由に購入してよかったそうである。また、一人の看護師による、「患者に日常らしい日常を提供するのは病院の役割である」との提案により、鉄格子が外され、家庭で使っている照明器具、アンティーク家具が病室に置かれ（⑥）、廊下や共用スペースには植物や芸術品が飾られた。女性には編み物（⑦）、男性は畑作業などの余暇活動も積極的に導入された。フィンランドの精神医療改革が行われる前から、病院内での患者に対する意識改革と生活環境の改善はすでに行われていた。

垣根の低い精神科医療

精神科医療環境の研究に携わり始めた約10年前、病院見学をしたいとフィンランド人の友人に話したら、娘さんが3か月ほどお世話になった「とてもいい病棟がある」ということで、ヘルシンキ市立アウロラ病院分院の病棟を紹介してくれた。病棟は総合病院のフロアの半分を占め、心療外来、デイサービスと空間を共用している。グループセラピー室（⑧）や食堂などの共用空間も、入院患者と通院するデイサービスの患者が一緒に使用している。心理療法士、作業療法士、ソーシャルワーカーや各種セラピストのオフィス（⑨）も病棟内に設けられている。ほかに、サウナ、グループカウンセラー室、光セラピー室なども充実している。病室の個室化より、患者がスタッフや他の患者と一緒に使う空間の充実を重視した。赤ちゃんと一緒に入院できる産後うつ患者のための病室（⑩）も設けられている。「精神科病院」特有な隔離のイメージがなく、リラックスができる環境が築かれているから、「ちょっと気分が沈みがち」と感じた時に気軽に利用できる精神科医療環境が実現されている。

社会から孤立しない入院生活

研究の一環で、アウロラ病院で約2か月の観察調査を続けているうちに、あることに気付いた。患者のそばに常にスタッフが寄り添う一方で、スタッフは決して患者の輪に入らず、そばで新聞や雑誌を読んだり、編み物したりしているだけである。介入しないことによって、患者同士の人間関係が築かれ、患者のコミュニケーション力が回復するのである。病棟の主役は患者、スタッフは見守りに徹して、患者に過剰な介入をしない「寄り添うこと」の意味と大切さに気付かされた。

入院患者は症状に応じて、外出できる範囲と時間は細かく設定されている。服薬の管理が

⑤「患者服」という先入観を覆した患者の洋服

⑥「病室」の雰囲気を感じさせない患者の居室

⑦女性患者が編んだ色とりどりの靴下

できるようになったら日中は自宅で過ごし、夜だけ病院に戻ることや、週末は自宅で過ごすことも可能である。外出範囲も外出可能な時間に合わせて、院内での散歩や売店までの買い物から始まり、外出時間の延長に伴って徐々に範囲も広がる。実際に、病院から繁華街までのトラムの中で、まちなかのカフェで、調査した病棟に入院している患者に会うこともあった。退院できる患者には通院する形で医療を受けながら社会生活を継続することが優先される。

「平等」に立脚する人間関係

学校では生徒と先生は互いにファーストネームで呼び合う。病院でも患者と医師は握手から診察が始まる。フィンランドでは、年齢、ジェンダー、国籍、学歴、肩書や立場に関係なく、人と人は「素」の姿を前提としている平等な関係である。

近年、フィンランドのある精神科病院で実践されてきた「オープンダイアローグ」という統合失調症患者の治療法が日本で脚光を浴びている。医療チームが毎日一定の時間を使って、患者の家で患者と会話するという至ってシンプルな介入方法であるが、これで向精神薬を使わなくなったそうである。

平等な関係性を重んじる「オープンダイアローグ」には、そのための土壌としての、それを成立させるための社会システムの有無がカギとなる。フィンランドの精神科医療の歴史と現在の社会背景のいずれにおいても、患者は「病人」ではなく、当事者同士として医療者との平等な立場が確立されてきた。明確に「オープンダイアローグ」と言葉として掲げなくても、患者との本質的な対話が医療現場で実践されている。しかし、厳密なヒエラルキーの存在と主役（患者）不在の状況で語られているチーム医療のあり方が根強く浸透している日本の医療現場にとって、「オープンダイアローグ」は非常に挑戦的な方法論になるのではないだろうか。（厳爽）

⑧リラックスできるグループセラピー室

⑨セラピスト自らしつらえる居心地の良いオフィス兼面接室

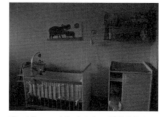
⑩ベビーベッドとおもちゃが備えられている産後うつ病室

3-9 FINLAND
生活弱者の自立を包摂的に支えるしくみ

家庭のリビングのように植物や素敵な家具でしつらえられているITワークショップの食堂、スタッフも利用者もここで一緒にランチをとっている

オフィスのようなITワークショップで作業に没頭している利用者のみなさん

フィンランドは公的医療が基本であるため、国の方針転換によって精神科病床を減らすことは短期間で実現された（①）。しかし、退院した患者の社会復帰は容易ではなかった。社会復帰の実現には「住まいの提供」「在宅医療の整備」「自立のための就労支援」を3方向から支える必要がある。ヘルシンキ市においては、従来この役割をヘルスケア部門とソーシャルケア部門が別々で担っていたが、より緊密な連携を図るため、2013年に二つの部門が統合された。公的サポートを補う非営利組織が果たす役割も大きい。

退院して地域で生活している精神疾患患者と精神障害者を対象に提供されている主な居住サービス（ヘルシンキ市の場合）は、（1）原則1〜5年限定で、スタッフが常駐するリハビリテーションホーム、もしくは自立度の高い人のためのサービスホームの入居、（2）スタッフが常駐しないサービスホームや自宅に住む患者を対象に提供される在宅医療サービス（服薬の確認と安否確認などの見守り機能を果たす）がある。

リハビリテーションホームに入居している間は通学、通勤、または各種支援プログラムに参加することが可能である。以下にヘルシンキ市にある就労支援ワークショップ（以下、WS）を紹介する。

就労支援WS

IT WS

国の重要文化財である築100年の消防署に換気設備の整備を含めた大規模改修を施し、IT WSとしてニエミ財団（非営利組織）が運営している（②）。スタッフは、常勤2名とパートタイム1名である。特定の技術を教えるだけではなく、自分の経験に基づき利用者へのさまざまな援助をしている。

訓練の内容もITを教えるだけでなく、キノコ採り、インタビュー訓練、企業見学など、多彩な活動を企画している。一見ITと関係のないキノコ採りも実際にスマートフォンを利用して地図を検索したり、動画や写真を撮影するなど、学んだスキルを実践する場であり、いわば、実習でもある。マルチメディアを利用して、病院の入院患者さんがリラックスすることのできるコンテンツの開発・作成などもしている。

WSはスキルを学ぶだけではなく、属性が異なり同じ境遇に置かれた人々が共に学ぶプラットフォームとしての包摂的な環境づくりを大切にしている。警察でもなく、病院でもない、ここにいれば見捨てない、WSはみんなで助け合うコミュニティをつくっていくための場としても位置付けられている。

利用者もスタッフもランチを持参して食堂で一緒にとる。利用者同士のコミュニケーションを促し、社会性を身に付ける場として、食堂は居心地の良い空間にしつらえられている。

訓練プログラムは9週間。その後スタッフがアセスメントを行い、技能や社会性いついてレポートを作成する。ITのスキルを証明する国の資格があり、14年間で320名取得者を送り出した。また、プログラム修了後は、利用者が社会性を十分身に付けたということについて詳細な書類を作成して利用者に渡し、就職に役立てられるようにしている。医療提供および自立サポートの観点から、利用者を社会のセーフティ

①時系列に見た入院患者数と住居サービスの利用者数

年	精神科病院に2年以上（人）	住居サービス2年以上（人）
1982	5,687*1	100〜200*2
1992	1,822*3	不明
2000	767	1,781
2005	586	3,301
2009	465	4,070

*1 統合失調症の患者のみ　*2 推定　*3 統合失調症の患者のみ

ネットに包摂することを徹底するために、福祉事務所や病院との連携も図っている。

元の消防署は国の文化財に指定されているため、厳しいデザインコードを課されている。ファサード(外側)の改修は許されず、扉の色などのディテールについても行政と相談し、許可を得る必要がある。建物の所有者はヘルシンキ市、文化財の担当窓口は国の文化財担当部局で、デザインのほか、安全性についても両者の許可を得る必要がある。結果的にはヘルシンキ市を介して国の文化財担当部局の許可を得る形で改修を進めてきた。

環境づくりに際しては、自分たちの居場所は自分たちの手で整備することを大切にした。2010年に実施した壁や床の改修では、専門の大工や建築家に頼らず、ニエミ財団の建築部門と利用者たち自ら実施した。机や棚はフィンランドの事務機器大手メーカーからの寄贈であった。

ウッシックスWS (Uusix WS)

ヘルシンキ市が運営するWSである(③)。元ごみ処理場を利用していること、公的就労支援プログラムであることによって、環境問題に取り組む姿勢を示す3R(リデュース/Reduce、リユース/Reuse、リサイクル/Recycle)をコンセプトとしている。芸術的な作品を作り出しながら利用者に技能を教えることを目指すWSである。

すべての失業者を対象としているため、精神疾患のほか、アルコールや薬物依存などさまざまな問題を抱えた人が利用しており、その中には10年以上働いていない人もいる。訓練プログラムは6か月単位であるが、繰返しでの利用も

左上／②重要文化財に指定されている元消防署を利用したIT WS、内部空間にも消防署の面影が残っている
上／③元ごみ処理場を利用した失業者の社会復帰を支える職業訓練WS
左下／④木工WSの作業場。木工WSと同じように、どのWSにも本格的な設備が整備されている

138

可能である。WSでの作業には市から報酬が支払われる。

スタッフは計50名前後である。常勤スタッフは事務とWSリーダーを含めて22名、ほかに契約スタッフやパートタイマースタッフもいる。利用者のキャリアアップも可能なため、パート、契約スタッフを経て、WSリーダーになるケースもある。案内してくれたマリオさんは建築を専門としているドイツ人で、5年間デザイン事務所で勤めた後に市場に迎合するデザイン分野に疑問を感じ、フィンランドにやってきた。現在は契約スタッフとしてパンフレットづくりなど広報を担当している。

各種WS（建築廃棄物、メタル、木工、フラフト、コンクリート、テキスタイルと染色、パソコン部品など）（④）中心に展開される訓練プログラムは容易な作業だけではない。少しずつ難易度を増して、徐々に高い技能を要する仕事に取り組むことで、利用者は高い技術を身に付ける。新しい製品を生み出すために、WS間のコラボレーションも行われているためか、つくられた作品は芸術性に富んで質が高い（⑤⑥）。

IT WS同様、利用者のコミュニケーション能力、社会性を身に付けることもWSの役割の一つとされている。そのために、全員が集まれることができる空間を既存スペースに増築する工事が進められている。設計図面はマリオさんが描き、リサイクルのものを使ってコンクリートWSの利用者が自ら工事に取りかかっている。家具なども基本的にはリサイクルのものを使い、購入は最低限に抑える予定としている。

WS入り口の脇に、作品を販売する小さな売店があるが、まだ認知度が低い（⑦）。今後の課題として、収益を高めるための製品の質とデザインのオリジナリティの向上、製品を認知してもらうための広報活動、マーケティングの開発などの商品を流通させるための工夫、高い技術をもつ人材の確保など、一般企業と同じビジョンが挙げられている。

主体性と高い技術、社会性を身に付ける

異なる特色をもつ二つの事例であるが、「精神障害者、失業者、難民、移民など、属性を問わず自立のために支援を必要とするすべての人を支える」という生活弱者を包摂的に支えるソーシャル・インクルージョン理念に基づいている点で共通している。また、自分のための環境を自ら整備することを通じて形成される利用者の当事者意識と、そこから生まれる主体性によって、意識の自立が図られること、高い技術を養成する訓練プログラム、社会性を身に付けるための場づくりといった総合的な取組みによって、就労につながる道が開かれることが示されている。（厳爽）

⑤芸術性の高いWSの作品たち（写真は廃棄自転車を利用してつくられたメタルWSの作品）

⑥北欧の冬の風物詩の一つである砕氷船が描かれているテキスタイルと染色WSの作品

⑦素敵な作品が置かれている売店。市街地から離れているため、まだ認知されていない

3-10 FINLAND
シンプルなデザインに宿る美と精神性 − 教会建築

ミュールマキ教会。自然光とリズミカルに吊り下がるランプとでつくり出される繊細な空間

①セイナヨキの教会。両サイドからの自然光、波打ちながら祭壇に向かって徐々に低くなる天井と平面
②オタニエミ礼拝堂。ガラス越しにある十字架と森の自然が大きな世界をつくり出す
③テンペリアウキオ教会（岩の教会）。岩盤をくりぬいてできた空間に円盤状の銅版天井が架かる
④聖ヘンリー・エキメニュカル礼拝堂。特徴的な形状の連続梁、端部サイドからの自然光が美しい陰影をつくり出す

フィンランドの現代建築はデザイン的にも魅力的な建築が多い。とくに近現代の教会建築は、建築家による設計競技（コンペティション）によって建てられたものが多いが、フィンランドデザインのエッセンスが凝縮している建物と言える。

その空間構成、自然光の取入れ方と照明の使い方、素材。どれをとっても無駄な要素をそぎ落とし、そこに残るものによってフィンランド人の宗教観、人生観、精神性を表現し、空間そのもので「教会」としてのメッセージを伝えている。「建築っていいな」「空間って素晴らしいな」素直に、肌でそう感じさせてくれる。

フィンランドでは、フィンランド福音ルター派教会とフィンランド正教会が国教だが、フィンランド人の信仰心はさほど強いものではない。形式への強いこだわりもないため、比較的自由な教会建築が建てられてきた。

フィンランドが生んだ国家的英雄でもある建築家アルヴァ・アアルト（Alvar Aalto）はセイナヨキの教会（1958-60、①）、イマトラの教会（1956-58）など数々の名建築を残してきた。シレン夫妻（Kaija and Heikki Siren）によるオタニエミ礼拝堂（1958、②）、ヘルシンキの観光地としても名高い岩の教会（③）はスオマライネン兄弟（Timo and Tuomo Suomalainen）による1969年の作品。ユハ・レイヴィスカ（Juha Leiviskä）によるミュールマキ教会（1984）、マッティ・サナクセンアホ（Matti Sanaksenaho）による聖ヘンリー礼拝堂（2005、④）、JKMM Architectsによるヴィーッキ教会（2005、⑤）、Avanto Architectsによる聖ローレンス教会（2011、⑥）、K2S Architectsによるカンピ静寂の礼拝堂（2012、⑦）など、魅力的な教会建築が多くある。

建築、家具、照明、インテリアすべてにフィンランドデザインのエッセンスが凝縮した教会建築を見て回るのも、楽しみ方の一つである。

（石井敏）

⑤ヴィーッキ教会。内部に入るとふんだんに使用した木材の架構と壁が圧巻

⑥聖ローレンス教会。白いコテむらを残した壁と上部およびサイドからの自然光が調和した空間

⑦カンピ静寂の礼拝堂。楕円形の木造建築。人々に安らぎを与える公共空間

小・中学校の校舎。一つとして同じ色彩・形態は用いられていない

3-11
SWEDEN

癒やしのコミュニティ
ヤーナのシュタイナー・コミュニティ

カルチャーハウスのカフェ。オーガニックフードやコーヒーが供される

直角を排除したユニークな造形と、やさしい色彩の室内

首都ストックホルムから鉄道で1時間ほど南下した所にヤーナ（Järma）は位置する。田園風景の美しいこのまちの郊外に、ルドルフ・シュタイナーの理念であるアントロポゾフィー（人智学）に基づく生活スタイルを実践するシュタイナー・コミュニティが存在する。音楽堂、カルチャーハウス（①②）、図書館、小・中・高等学校（③）、オイリュトミー施設、寮や住宅、人智学の家、病院、農場などでコミュニティは構成されているが、そのすべては、スウェーデンのシュタイナー建築家エリック・アスムセン（Erik Asmussen）による設計である。直角を用いない空間構成、優しい色彩計画、シュティーナー独自の什器で満たされた空間は、訪問者に癒やしと安らぎを与える（④）。（水村容子）

②アスムセンの手によるカルチャーハウスの立面図と断面図

①カルチャーハウスの一室。一面ピンク色の壁が明るくやさしい空間を演出している

③高等学校の校舎。コミュニティに暮らす高校生の学び舎。ユニークなアート教育が展開される

④庭園に設けられた水の階段。水の流れる音がやさしく安らぎを感じる

おわりに ／ 北欧の暮らしと環境を概観して

西田　徹

1. 個人が社会で自立して生きるということ

　本著で紹介された北欧諸国の事例を見ていて一番興味深いところは、国や自治体が掲げた将来目標・社会システムを、一般の市民が十分に理解して受け入れ、多くの人が実行に移して社会全体のQOL（生活の質）を向上させることにかかわっているという点である。当たり前のような話であるが、この当たり前のことができずに難題を抱えたまま停滞している国が多い。北欧諸国は、福祉大国というイメージが依然として強いが、それを支えている根幹は、個人の自立した考え方と行動力である。優れた社会システムを提案し構築する指導者や機関も必要ではあるが、まずは、個人が社会で自立するシステム、自立した個人が活躍できる環境づくりが必要だと感じた。

　もちろん、日本人が自立していないなどと言うつもりはない。ただ、良い意味でも悪い意味でも、どこかでだれかがやってくれるだろうという、他人任せ的な気持ちや、細部まで説明しなくても分かってくれるだろうという甘い気持ちが心のどこかにある。実際に、他人の気持ちを察して行動してきた文化がある。年齢によらないこのような日本人のやさしい特性・気質は否定したくないし、守っていきたい。しかし、もしかすると、盲目的に国や人を信じ、だれかがいつか社会環境を良くしてくれるだろうと他人任せにしてきた結果が現在の日本なのかもし

れない。

　例えば、北欧の国では、バス停で、バスが近付いてきたらバスを待っていた人たちみんなが一斉に手を挙げて、停まるように合図を送るらしい。一人が手を挙げて合図をすればよいようなことだが、他人任せにはしない。一人ひとりが「バスに乗りたい」と意思表示をするということが重要なのである。このような個人の自立を重要視することは、幼児期からの教育による成果が大きいのではないかと思う。本著にも保育園の話が出てくるが、先生たちの第一の仕事は子どもたちを見守ることである。空間構成も先生が子どもたちを見守りやすいようにできている。その中で、子どもたちは仲間にもまれて鍛えられ、社会で自立して生きていくことを覚える。実際に、気候も厳しく、人口の少ない国が世界で生き残るためには個人が自立して、社会での自分の役割を自覚しないと成立しないのであろう。私たちが想像する以上に、一人ひとりの肩にのしかかる責任も大きいのかもしれない。

2. 本著が生まれるきっかけ

　さて、話は変わるが、本著を出版するきっかけは、2013年と2015年の二度にわたって、日本建築学会の環境行動研究小委員会が主催となって北欧研究のシンポジウムを開催したことであろう。当時、私は小委員会の主査をしており、微力ながら企画・運営に参画する機会を得た。一度目のテーマは「社会システムと場所の質からよみとく北欧の『ふつう』の生活」という内容で、本著の執筆者陣が登壇者であった。一度では十分に語り尽くせなかったこともあり、続編として「変わりゆく北欧社会において継承されているもの〜社会システムと場所の質か

らよみとく北欧の『ふつう』の生活その2〜」を開催することになった。自画自賛になるが、いずれの話題も興味深い話で、タイミング的にも現在の日本が抱えている諸問題を解決に導くヒントがちりばめられたシンポジウムになったと感じている。二度にわたって開催されたシンポジウムの内容をこのまま寝かしておくのは、あまりにももったいないという話が持ち上がり、縁あって出版される流れとなった。建築関係の内容を中心に、多角的に最新の北欧研究の成果や北欧事情がまとめて書かれている本著は、ほかに例がないのではないかと思われる。おそらく本著は、建築の専門書として本屋さんに並ぶかもしれない。しかし、決して難しい用語が並ぶわけではなく、だれが読んでも北欧の理解につながり、今後の生活のヒントになると思う。とくに、子育て中の方や中高年の方に読んでほしい。休日一日があれば、隅から隅まで読めるのではないだろうか。また、福祉関係の専門家や建築を学ぶ学生には、どこから読み始めても構わないが、興味のある箇所だけでなく、最初から最後まで読んでほしい。北欧を礼賛する気など毛頭ないし、北欧のシステムが完璧なわけではない。しかし、北欧の諸国がこれまでにどのような困難に直面し、それをどのように克服してきたかについて、われわれが学ぶべきところは多い。

3. 北欧の「ふつう」の生活

　シンポジウムのテーマとして使われた「社会システムと場所の質からよみとく北欧の『ふつう』の生活」について少し説明させていただきたい。北欧の社会システムは日本のそれとは当然異なる。建築や場所の話をすると同時に、社会背景やシステムも含めて説明すべきということ

があった。また、建築の話というよりも北欧の生活そのものについて生活者の視点から語りたかったという狙いが大きい。ここで、あえて「ふつう」の生活と限定していることに意味がある。「ふつう」という言葉の使い方は難しい。文脈によって、一般、標準、平凡、正常など、多様な意味をもつ。しかし考えて欲しい。「ふつう」の生活を送ること、持続させることがいかに困難なことかを。北欧諸国ではだれもが「ふつう」に生活できる社会の実現と持続を目標に個人が努力してきた。その結果として、今日の北欧社会がある。本著において、このことについて言説を可能にしたのは、執筆した研究者のほとんどが、家族と共に北欧に長期にわたって暮らし、実体験を通して、研究の成果をまとめていることが大きい。今日の日本で私たちは多くの課題を抱えて生きている。個人が社会の一員として自立し、主体的にかかわって生きることのヒントを得るきっかけとして、この書物が少しでも役に立つことを祈っている。

出典

1-1
②③Statistical Yearbook on Social Welfare and Health Care 2016, National Institute for Health and Welfare, 2016　より作成

1-2
①RT93-10534 Vanhusten Palvelutalo ja – Asunnot, Rakennustietosäätiö, 1994　より作成
⑩RT93-11134 Vanhusten Palveluasuminen, Rakennustietosäätiö,2013　より作成

1-3
③Old people's houses, Mogens Fich and Peder Duelund Mortensen and Karen Zahle, Kunstakademiets Forlag 1995

1-4
⑤小谷部育子『コレクティブハウジングの勧め』丸善、1997年

1-11
巻頭写真、①～⑤Erik Stenberg's Million Program Archive.
⑥撮影:Matti Östling

3-9
①Psykiatrian rakennemuutos suomessa

2-3
①https://www.archdaily.com/55609/in-progress-design-kindergarten-cebra

3-11
②Erik Asmussen"Husbehov"PRIVATTRYCK,1992

参考文献

1-8

[1] マルメ、ルンドの取組みについては　伊藤俊介「スウェーデン・スコーネ県におけるモビリティ・マネジメントの取り組みと特徴」都市計画論文集　Vol.50、No.2、252-259頁、2015年

[2] Nonstop Cyklister får grøn bølge på Østerbro og Amager. Politiken. 26 Sep. 2008.

[3] Copenhagenize Design Co. (2016). Massive Passenger Increase After Bikes Allowed Free on Trains. 14 Nov. 2016.

[4] Københavns kommune (2011). Fra god til verdens bedste københavns cykelstrategi 2011-2025.

[5] The City of Copenhagen (2015). The Bicycle Account 2014.

[6] The City of Copenhagen (2007). The Bicycle Account 2006.

1-9

[1] Økosamfundet Dyssekildeウェブサイト　http://www.dyssekilde.dk

[2] Marckmann, B., et.al. (2012). Sustainable Living and Co-Housing: Evidence from a Case Study of Eco-Villages. Built Environment, 38 (3), 413-429.

[3] Gram-Hanssen, K. & Jensen, J.O. (2005). Green buildings in Denmark: From radical ecology to consumer-oriented market approaches? In: Guy, S. & Moore, S.A. (Eds.), Sustainable Architectures: Cultures and natures in Europe and North America. Taylor & Francis, 165-183.

[4] Hansen, K. (2009). Reduction of CO2 from 3 different eco-villages in Denmark. LØSNET No.61-62, 4-6.

[5] Scheurer, J. (2001). Residential Areas for Households without Cars: The Scope for Neighbourhood Mobility Management in Scandinavian Cities. Trafikdage på Aalborg Universitet 2001, 165-176.

[6] Dansk Byplanlaboratorium. (1995). 21 gode exempler på byøkologi. Dansk Byplanlaboratorium.

[7] Økosamfundet Dyssekilde er en inspirerende frontløber. Økosamfund i Danmark No.76, 2014, 10-13.

略歴

編著者

水村容子（みずむら ひろこ）
現職　　東洋大学ライフデザイン学部
　　　　人間環境デザイン学科教授　博士（学術）
専門分野　住宅計画、住宅政策

垣野義典（かきの よしのり）
現職　　東京理科大学理工学部建築学科准教授　博士（工学）
専門分野　建築計画、人間環境デザイン

著者

生田京子（いくた きょうこ）
現職　　名城大学理工学部建築学科准教授　博士（工学）
専門分野　建築計画、設計デザイン

石井敏（いしい さとし）
現職　　東北工業大学工学部建築学科教授　博士（工学）
専門分野　建築計画、施設計画、高齢者居住環境計画

伊藤俊介（いとう しゅんすけ）
現職　　東京電機大学システムデザイン工学部
　　　　デザイン工学科教授　博士（工学）
研究分野　建築計画、環境心理学／環境行動論

Erik Stenberg（エリック・ステンベリィ）
現職　　スウェーデン王立工科大学建築学部建築学科准教授
専門分野　建築設計、集合住宅団地再生

大原一興（おおはら かずおき）

現職	横浜国立大学大学院都市イノベーション研究院教授 工学博士
専門分野	建築計画、都市計画、環境老年学、博物館学

葛西リサ（くずにし りさ）

現職	立教大学コミュニティ福祉学部所属 日本学術振興会 RPD 研究員　博士（学術）
専門分野	住宅政策、居住福祉、ジェンダー

佐野友紀（さの とものり）

現職	早稲田大学人間科学学術院　教授　博士（工学）
専門分野	建築計画、建築人間工学、建築防災

橘弘志（たちばな ひろし）

現職	実践女子大学生活科学部生活環境学科教授　博士（工学）
専門分野	建築計画、環境行動研究

西田徹（にしだ とおる）

現職	武庫川女子大学短期大学部生活造形学科教授 博士（工学）
専門分野	建築計画、環境行動研究

厳爽（やん しゅあん）

現職	宮城学院女子大学生活科学部生活文化デザイン学科教授 博士（工学）
専門分野	医療福祉の建築計画、人間環境デザイン

北欧流「ふつう」暮らしからよみとく環境デザイン

2018 年 5 月 10 日　第 1 版 発　行

著作権者との協定により検印省略	編　者	北 欧 環 境 デ ザ イ ン 研 究 会
	発行者	下　出　雅　徳
	発行所	株式会社　彰　国　社

　　　　　　　　　　　162-0067　東京都新宿区富久町8-21
自然科学書協会会員　電話　　　　03-3359-3231（大代表）
工 学 書 協 会 会 員
Printed in Japan　　　振替口座　　　　00160-2-173401
Ⓒ北欧環境デザイン研究会　2018 年　　　印刷：真興社　製本：誠幸堂

ISBN 978-4-395-32109-4 C3052　　　http://www.shokokusha.co.jp

本書の内容の一部あるいは全部を、無断で複写（コピー）、複製、および磁気または光記録
媒体等への入力を禁止します。許諾については小社あてご照会ください。